AI 赋能设计

室内设计
AIGC 案例实战

易欣　宋杰　周宁昌　等 编著

化学工业出版社

·北京·

内容简介

本书以AIGC（生成式人工智能）工具在室内设计领域的运用为主要内容，面向室内设计行业、家具设计行业的爱好者、学习者及从业者，全面且详细地介绍了多种AIGC的工具、平台、使用方法、技巧、运用案例及效果展示等，旨在通过AIGC为室内设计师和家具设计师提供强大助力，进而提升他们的工作效率和质量。书中通过具体设计案例（住宅空间设计、办公空间设计、商业空间设计和酒店空间设计）介绍AIGC在室内设计各个阶段的具体应用场景，并与传统方法进行对比，以突显AIGC在室内设计领域应用的优势，最终使本书的阅读者能够较全面地掌握运用AIGC技术辅助完成室内设计的方法和技巧。

本书读者对象包括：室内设计师、家具设计师、建筑师等专业人士，从事室内设计、家具设计或人工智能相关交叉学科研究的学者和研究者，具有林业工程、室内设计、环艺设计、木材科学、家具设计、家居智能、产品设计等相关学科背景的老师或学生，对AIGC技术在设计领域应用感兴趣的人。

图书在版编目(CIP)数据

AI赋能设计：室内设计AIGC案例实战 ／ 易欣等编著.
北京：化学工业出版社，2024. 8. -- ISBN 978-7-122-46383-8

Ⅰ. TU238.2-39

中国国家版本馆CIP数据核字第2024296PU3号

责任编辑：陈景薇　韩霄翠　　　　　　　　封面设计：异一设计
责任校对：王鹏飞　　　　　　　　　　　　装帧设计：盟诺文化

出版发行：化学工业出版社（北京市东城区青年湖南街13号　邮政编码100011）
印　　装：北京缤索印刷有限公司
710mm×1000mm　1/16　印张13$\frac{1}{2}$　字数230千字　2024年10月北京第1版第1次印刷

购书咨询：010-64518888　　　　　　　　　　售后服务：010-64518899
网　　址：http://www.cip.com.cn

凡购买本书，如有缺损质量问题，本社销售中心负责调换。

定　　价：98.00元　　　　　　　　　　　　　　　　　　　版权所有　违者必究

序

  我们身处的这个时代，是科技创新日新月异的时代，也是传统产业与新兴技术深度融合的时代。作为林业工程学科的教师，我见证了这一学科从传统走向现代的转变，同时也对新技术给传统行业带来的变革深感震撼。

  林业工程学科，从主要专注于木材加工拓展至木、竹、秸秆等农林生物质资源的高效利用，如今正在与最前沿的科技结合，催生出新的应用领域。《AI赋能设计——室内设计AIGC案例实战》这本书，就是这一变革的生动体现。它将AIGC技术与室内设计紧密结合，展现了科技推动传统行业转型升级的无限可能。

  在本书中，我们不仅可以看到AIGC技术如何在室内设计中发挥巨大作用，提升设计的效率和质量，更能感受到科技与艺术的完美结合。AIGC技术不仅为设计师提供了新的工具和方法，更为他们打开了创新的大门，让室内设计不再局限于传统的模式。此外，这本书也深刻揭示了AIGC技术在家居行业的广阔前景。随着人们对生活品质要求的提高，个性化、智能化的室内设计正成为新的趋势。AIGC技术的应用，将推动家居行业的创新和升级，满足人们对美好生活的追求。

  长期从事林业工程教育和科学研究的经历，使我深感《AI赋能设计——室内设计AIGC案例实战》这本书的重要性和前瞻性。它是林业工程与现代科技结合的典范，可望引领未来家居设计的重要发展方向。

  我相信，这本书的出版将激发更多年轻人对室内设计的兴趣。在AIGC技术的赋能下，我们期待看到一个更加智能、环保、舒适的家居环境，同时也期待林业工程学科在这一变革中发挥更大的作用。

王清文
华南农业大学教授
"长江学者"特聘教授
2024年9月

前言

生成式人工智能（artificial intelligence generated content，AIGC）是AI的一个分支，它注重创造性和生成性的任务。室内设计的目标在于创造出满足用户期望并提供愉悦体验的工作或生活环境，AIGC可以帮助室内设计师更快速、更智能地完成各个设计阶段，从概念开发到最终实现。本书探索了AIGC技术在室内设计中的革命性应用，或可为行业内的设计师和学习者带来前所未有的机遇。

本书聚焦于AIGC工具在室内设计领域的广泛应用，旨在为室内设计及家具设计行业的爱好者、学习者与从业者提供一份全面而详尽的指南。书中不仅介绍了多种AIGC工具与平台，还细致阐述了它们的使用方法、实用技巧，并通过丰富案例及效果展示，直观地展现了AIGC如何为室内设计师与家具设计师注入新动力，有效提升设计工作的效率与质量，助力设计师们在创意与实践中取得优异成果。第1章介绍了AIGC技术背后的魔法，从技术揭秘到应用进展，再到AIGC的五大赋能法宝，全面揭示了AIGC技术的发展与应用前景。第2章重点探讨了AIGC在效果图绘制中的入门，介绍了Midjourney和Stable Diffusion等工具的安装与使用方法。第3章着重展示了AIGC在室内设计中的妙用，从设计细节到光影与照明设计，再到软装选配的艺术，全方位展示了AIGC技术的实践应用。第4章汇集了丰富的AIGC室内设计案例，涵盖了住宅空间、办公空间、商业空间和酒店空间等多个领域，为读者提供了丰富的实例和灵感。第5章探讨了AIGC在室内漫游视频制作中的应用，从动态漫游到VR环境构建，展示了AIGC技术在设计展示与呈现方面的巨大潜力。考虑到室内设计学习者的知识结构不同，对全书内容做由浅入深的安排，展示不同深度的内容，最终使本书的阅读者能够较全面地掌握运用AIGC技术辅助完成室内设计的方法和技巧。

本书主要由易欣、宋杰、周宁昌撰写，贾凡影、熊芷璇、陈园、李冬名、朱雨凡、陈嘉敏、张佳琦、方庆宁、倪源、马朝珉、苏丽萍、曹毓欣等参与了具体章节的撰写工作。华南农业大学硕士研究生梁家明、邢志栋同学为书稿的整理投入了很多时间和精力，家具设计与工程专业本科生韩瑶、欧凯莹同学在书稿的校对上做出了贡献。陈园为本书封面设计提供了很好的建议。在此一并致以真诚的感谢。

最后需要温馨提示的是，在使用AIGC时应重视版权及相关法律问题，切实尊重他人的知识产权；其次，AIGC工具的提示词并不严格遵循某种语言的语法规则，而是一种以自然语言为基础，经人工干预能为计算机所解读的语言，其中可能包含缩略语和特殊符号，对拼写、语法和大小写的要求较为宽松，并且即便是相同的提示词，生成的内容每次都会有所不同。此外，书中展示的操作截图是基于当前各类AI工具和平台的界面，而随着时间的推移，工具的功能和界面可能会发生变化，读者在学习时应根据书中的思路灵活应对这些更新。鉴于本人能力有限，且相关技术更新速度过快，难免存在疏漏，还请读者朋友提出宝贵意见（作者邮箱：yixin@scau.edu.cn）。

编著者

目　录

第1章　AIGC揭开室内设计的新篇章 1

1.1 AIGC技术背后的魔法 1
1.1.1 AIGC的技术揭秘 1
1.1.2 AIGC的演变之路 3

1.2 AIGC的五大赋能法宝 3
1.2.1 创意点燃设计灵感 4
1.2.2 助力提升设计效率 5
1.2.3 精工打造一流作品 6
1.2.4 协同优化团队合作 6
1.2.5 创造丰富设计语言 7

1.3 AIGC设计利器大观园 8
1.3.1 图像生成类工具的崛起 8
1.3.2 视频生成类工具的魔力 14

第2章　AIGC工具绘制效果图入门 18

2.1 Midjourney实操指南 18
2.1.1 Midjourney的安装 18
2.1.2 什么是prompt（提示词） 21
2.1.3 指令介绍 24

2.2 Stable Diffusion实操指南 36
2.2.1 Stable Diffusion的部署步骤 36
2.2.2 Stable Diffusion基础命令速成 42
2.2.3 进阶：扩展工具ControlNet插件介绍 52

第3章　AIGC在室内设计中的妙用 66

3.1 细节之美与设计巧思 66
3.1.1 AIGC生成设计细节 66

| 3.1.2 AIGC进行材质渲染 91
| 3.2 光影与照明设计的融合 97
| 3.2.1 自然光线的模拟 97
| 3.2.2 人造灯光的营造 101
| 3.3 软装选配的艺术 111
| 3.3.1 家具与风格的协调选择 111
| 3.3.2 单品家具的生成与替换 116

第4章 AIGC 室内设计案例 120

| 4.1 住宅空间变形记 120
| 4.1.1 家庭温馨：普通住宅室内设计实例 121
| 4.1.2 城市生活：公寓型住宅的创新设计 132
| 4.1.3 奢华体验：别墅型住宅的高端定制 137
| 4.2 办公空间再定义 143
| 4.2.1 高效现代办公环境 144
| 4.2.2 灵活办公功能布局 147
| 4.3 商业空间的魔法转变 148
| 4.3.1 创新零售购物布局 148
| 4.3.2 餐饮娱乐设计革新 152
| 4.3.3 舒适休闲空间打造 155
| 4.4 酒店空间的奢华重塑 159
| 4.4.1 度假酒店方案设计 159
| 4.4.2 商务酒店方案设计 165
| 4.5 本章小结 168

第5章 AIGC 室内漫游视频制作 169

| 5.1 AIGC漫游视频制作流程和工具 170
| 5.1.1 思路梳理：动态漫游视频制作步骤解析 170
| 5.1.2 场景再现：Midjourney与Stable Diffusion的应用技巧 172
| 5.1.3 动态生成：Runway Gen-2与Pika的使用技巧 176
| 5.1.4 音韵搭配：Pixabay Music与MusicGen的配乐选择 192
| 5.1.5 完美剪辑：剪映等工具的后期处理 194

5.2 AIGC室内漫游视频制作实例 195
  5.2.1 空间创制：运用AIGC辅助空间生成 195
  5.2.2 脚本编写：漫游视频脚本生成式获取 196
  5.2.3 视角变换：镜头移动方式的巧妙融入 198
  5.2.4 综合运用：以AIGC视频工具制作漫游动态 199
  5.2.5 完美收官：后期剪辑与细节调整操作 204
5.3 本章小结 205

结语 AIGC在室内设计应用中面临的挑战与发展前景 207

第1章
AIGC 揭开室内设计的新篇章

1.1 AIGC 技术背后的魔法

人工智能（artificial intelligence，AI）技术是一种以计算机模拟人类智能的技术。它涉及计算机系统模拟和执行智能任务，例如学习、推理、问题解决和自主行动。AI系统能够从数据中学习和提取知识，进而应用这些知识来解决各种问题。AI的历史可以追溯到20世纪中期，近年来，随着计算能力的提升和大数据的涌现，AI取得了显著进展。AI应用范围广泛，包括自然语言处理、计算机视觉、语音识别、机器学习等领域。

与传统的AI不同，生成式人工智能（artificial intelligence generated content，AIGC）是生成式的，它们能够创造独特的内容，而不是仅仅执行已知的任务。AIGC系统通常使用深度学习和神经网络技术，以模仿人类创造和思维的过程。

1.1.1 AIGC的技术揭秘

AIGC是AI的一个分支，它注重创造性和生成性的任务。AIGC系统不仅能够理解和处理数据，还能够生成新的内容，如文本、图像、音频、视频等多种媒体形式。如图1-1所示。AIGC系统可以被视为具有创造力和创新性的工具，能够在各种领域中产生新的思想和作品。

AIGC技术的核心是利用人工智能模型学习和理解人类创作的各种内容，然后在此基础上生成新的、独特的内容。这些模型通常通过深度学习技术进行训练，包括神经网络、自然语言处理（NLP）、生成对抗网络（GAN）等。

AI模型可以从大量的数据中学习和提取知识,然后将这些知识应用到新的创作中,这使得AIGC技术在艺术、设计、娱乐等多个领域有着广泛的应用前景,特别是在室内设计、产品设计及平面设计等领域,其应用尤为普遍且深入。通过AIGC技术,设计师可以获得更多的创新灵感,提高设计效率,同时也可以提升设计质量。

图1-1 由AIGC根据人类指令创造的空间

AIGC技术可以大大提高创作效率。如图1-2所示。传统的创作过程通常需要大量的时间和精力,而AIGC技术可以通过自动化的方式快速生成高质量的内容,这不仅可以节省创作者的时间,也可以让他们有更多的精力去关注其他重要的事情。

图1-2 设计师的表现手段发展变化示意图

作为具有敏锐嗅觉的设计行业从业者,我们应当认识到设计师的表现手段正持续发生着变化。AIGC是一种利用AI技术来生成新颖、独特和高质量内容的技术，它正在改变我们创作和消费内容的方式，并为我们提供了无限的可能性和机会。

1.1.2 AIGC的演变之路

AIGC的发展历程可以追溯到20世纪50年代，最初的AIGC需要人工编写规则和模板，经过数十年的发展已经取得了长足进步，如今的AIGC已经成为具有创造性和智能性的重要技术工具。其发展历程大致可以分为五个阶段，如图1-3所示。

图 1-3　AIGC 发展历程简图

1.2　AIGC 的五大赋能法宝

有观点认为，简单的工作更容易被人工智能技术所替代，而室内设计具有综合性、复杂性、体系化、个性化、差异化的特点，较难采用人工智能手段。在室内设计领域，往往难以快速明确客户的实际需要，且不容易满足客户复杂多变的设计要求，因此如何利用AIGC技术服务于室内设计就成为值得思考的问题。

事实上，随着科技的进步，AI在设计领域的应用正在逐渐崭露头角。对室内设计方案进行展示和评估的过程中，虚拟现实技术、智能技术、物联网技术已经逐渐获得应用。而通过AIGC技术，设计师可以更快速地获得创意设计方案，并基于方案进行设计决策，甚至实现人机共创。这些新技术可为设计师提供新的思维方式，有利于设计师捕捉灵感和创意，避免烦琐的重复性工作，提高工作效率。

AIGC在室内设计领域的应用前景巨大，它可以帮助室内设计师更快速、更智能地完成各个设计阶段，从概念开发到最终实现。AIGC工具出现后，室内设计的流程也较之前发生了较大变化：设计师可以通过语音提示，使用AIGC工具快速生成大量设计方案，实现高效自动化的设计迭代；可以快速生成逼真的3D效果图，进行可视化的设计沟通，极大地提升了设计呈现能力；可以进行智能化设计优化和建议，辅助设计师制定更好的方案；可以进行智能识图，自动生成CAD图纸，提升后期施工绘制效率，AIGC生成的海量设计样本，可以进行综合分析并优化设计决策；可以实现语音、AR、VR等新形式的人机交互，使设计沟通更直观高效等。

1.2.1　创意点燃设计灵感

在进行室内设计方案的绘制之前，设计灵感和创意的获取是一项不容忽视的挑战，它们的稀缺性和珍贵性常常让室内设计师陷入冥思苦想中。虽然历史、文化、自然、艺术等多个领域的信息都可以成为灵感来源，但有时创意似乎就像宝藏一样隐藏在深处，需要付出很大的努力才能找到。然而，一旦灵感涌现，设计师们会感到如沐春风，充满了创作的热情。如图1-4所示。

图1-4　以AIGC工具进行设计灵感的激发

设计创意是设计过程的灵魂，也是室内设计创作过程的核心。设计创意的重要性体现在它对最终设计作品的影响上。一个好的室内设计创意往往是成功设计的关键因素之一。设计创意的优劣反映了室内设计师的独特视角和创造力，更影响着室内设计作品的质量和影响力。好的创意可以为室内设计方案注入个性，使其在满足使用功能的同时引起用户和家中客人的共鸣。然而，好的设计创意并不是随时都能够获得的。有时，设计师会陷入所谓的"创意枯竭"状态，感到焦灼和困惑。激发和保持创意对于室内设计师来说是至关重要的，它是为用户创造美好家居生活的关键。

室内设计师为了寻找创意、探索新的灵感来源，会对家居生活中的细节进行深刻的思考和研究，还会通过旅行、阅读、参加艺术展览和与不同文化交流等方式来激发创意。但即便如此，好的设计创意可能还是很难获得。

如今，进入AIGC时代以后，这一切正发生着积极的变化。利用AIGC可以从各个领域数量庞大的数据和信息中提取灵感，不仅可以直接输出灵感元素，还可以在与AIGC协作进行头脑风暴的过程中产出好的创意。AIGC技术可以通过分析大量的设计元素、趋势和数据，帮助设计师快速了解当前的市场需求和趋势，从而激发新的创意方向。还可以分析大数据和用户反馈，以帮助设计师更好地理解用户行为和喜好，获得更适合的设计创意。这种数据驱动的方法可以引导设计师制定更符合用户期望的创意方案，从而提高设计的成功率。总之，通过AIGC可以为室内设计师提供更多元化的创意来源，有利于打破固有设计思维的局限性。

在实际应用中，AIGC可以通过分析某地区的历史建筑，为设计师提供与当地文化相关的设计元素，从而丰富设计的文化内涵。这种跨领域的创意灵感有助于设计出更具深度和独创性的室内环境。

1.2.2　助力提升设计效率

设计效率是衡量设计工作优劣的重要指标之一，它直接影响设计项目的时间成本，从而影响设计团队的整体运作效率和设计公司的经济效益。在这方面，AIGC技术为室内设计师提供了强大的支持，具体表现在减少重复劳动、快速生成设计方案、优化设计流程、实现数据驱动等几个方面。

室内设计师往往需要花费大量时间和精力在沟通、测量和绘制基础图纸、调整布局、选择材料等重复的劳动上，而AIGC技术可以通过自动化的设计流程和算法，帮助设计师减轻重复劳动的负担，快速生成基础图纸和布局方案，节省了大量的时间和精力。AIGC可以协助分析用户的风格偏好并为生成相应的设计方案做好准备，可以节省设计师的时间。设计师只需在调研了解用户真实需求的基础上，向计算机输入基本的控制指令、设计需求和参数，AIGC工具就能在短时间内生成多种设计方案供设计师参考和选择，这就极大地提高了设计效率。AIGC还能够生成高质量的室内效果图，使设计师在方案交流环节能够更好地向用户展示设计理念。特别是在客户需求频繁变动的情况下，AIGC的迅速响应与灵活调整能力尤为突出，能够快速生成多种设计方案供用户选择，从而满足客户的多样化需求。

1.2.3 精工打造一流作品

一个高质量的设计方案不仅能满足客户的需求，还能在一定程度上展现设计师的创意和技能水平。然而，由于设计师的经验和技能水平存在差异，加之设计过程中可能会出现种种不可预见因素，所以提升设计质量始终是一个艰巨的挑战。AIGC为解决这一问题提供了新的可能。

AIGC提供的丰富的灵感不仅可以为经验不足的新手设计师提供宝贵的知识和经验参考，还可以为成熟设计师在面对技术要求较高和难度较大的复杂设计任务时提供具有一定可行性的参考建议。同时在室内设计领域还往往会遇到一些新材料、新结构、新工艺、新需求，利用AIGC发散思维获取解决方案，能够帮助设计师完成富有挑战的设计任务。

还可以通过AIGC技术的算法和数据分析，为设计师提供诸如室内空间布局、室内色彩搭配等设计优化建议，AIGC技术还可以通过自动检测功能，帮助设计师发现和修正设计过程中可能出现的错误，如尺寸错误、材料选择不当等，有助于改进设计方案、提升设计质量。

通过收集和分析设计数据，AIGC技术还可以为设计师提供丰富的设计案例和教程，帮助设计师了解设计方案的优势和劣势，为他们提供持续学习和改进的机会，帮助他们不断学习和提高，从而提升设计质量。

1.2.4 协同优化团队合作

室内设计项目通常需要一个团队的协作来完成，而团队成员之间的有效沟通和协调是项目成功的关键。通过提供高效的设计工具和协作平台，AIGC可以显著优化设计协同的过程。以下从清晰高效的意图传达和流畅协调的团队合作两个视角来探讨AIGC对室内设计协同的影响和价值。

在清晰高效的意图传达方面，AIGC可以提供可视化的设计方案、几乎实时的设计反馈以及动态的设计演示。利用AIGC技术快速生成直观的设计方案和效果图，可使设计师的创意和意图能够清晰、准确地传达给团队成员和客户。这既提高了沟通的效率，也确保了设计方案得到准确的理解和执行。通过AIGC技术，设计师还可以得到几乎实时的设计反馈和建议，有利于及时调整设计方案，确保设计意图的准确传达。如果将视频技术融合进来，则AIGC还可以生成动态的设计演示，帮助团队成员和客户更好地理解设计方案的意图和效果。

在流畅协调的团队合作方面，许多AIGC工具和平台提供了实时的协作功能，使团队成员能够在同一平台上共享设计方案和资源，实时交流和协作，大大提高了团队合作的效率和效果。AIGC技术还可以帮助团队建立统一的设计标准和规范，确保团队成员在设计协同过程中保持一致，避免了因为标准不一致而导致的沟通和协作问题。在设计任务分配和进度管理方面，通过AIGC技术，团队可以高效地分配设计任务，实时监控设计进度，确保设计任务的顺利完成。AIGC技术的应用也促进了团队成员之间的知识共享和学习，提高了团队的整体设计能力和协作效率。

同时AIGC技术还可以在设计流程优化和设计协作平台建设方面为人们提供便利，如通过云计算和网络技术搭建设计师、用户及制造商之间可协作的平台，也可以使设计师在设计过程中获得中肯的建议和反馈，使方案中不合理的地方能在早期被发现。也可通过AIGC辅助进行方案评估、复杂内容的配对和协助审核操作（当然，其中的安全性和准确性需要设计师自行复核并最终由设计师承担责任），以及帮助设计师找出设计方案的优势和劣势，从而进行针对性的优化，提高设计效率。相信室内设计公司利用AIGC在大型商业项目中加速空间规划和布局设计，可以有效提高设计和生产效率。

在未来，随着AIGC技术的不断发展和完善，其在优化设计协同和提升设计团队效率方面的价值将会进一步显现，为室内设计领域带来更多的可能和机遇。

1.2.5 创造丰富设计语言

AIGC在室内设计领域的应用不仅能够提升设计的效率和质量，同时也为设计师提供了丰富的设计语言和表现力。通过AIGC技术的应用，设计师能够探索和实现多种设计风格的融合，创造出独特的新风尚，为室内设计领域注入新的活力和创意。

AIGC技术可以通过分析不同设计风格的特点，为设计师提供风格融合的建议和方案。设计师可以在AIGC的支持下，尝试将不同的设计风格融合在一起，创造出独特的设计语言。还可以自动实现多种室内设计风格的融合，可以自动化生成风格融合的效果图，让设计师能够直观地看到不同风格融合的效果，从而有针对性地进行调整和优化。通过AIGC技术还可以获得丰富的风格融合素材库，为设计师提供多种风格元素的选择，丰富设计的表现力。

使用AIGC技术可以生成独特的设计元素，如独特的色彩搭配、图案设计等，为室内设计添加独特的个性和风格。通过AIGC工具还可以分析市场趋势和用户喜好，自动生成多种不同风格的设计概念，帮助设计师创造出符合市场需求的设计作品，以满足客户的多样化需求。

通过剖析AIGC技术的基本概念、发展历程以及特征，为读者初步描绘了AIGC赋能室内设计的全貌，为读者理解AIGC技术提供了条件，揭示了AIGC技术对室内设计行业的潜在价值和重要意义。AIGC技术在室内设计中的应用潜力和价值是值得期待的，通过分析其在激发设计创意、提高设计效率、提升设计质量、优化设计协同和丰富设计语言等方面的作用，使大家看到了它的无限可能。相信这些可以为读者提供一个全局的视角，理解AIGC技术在室内设计领域的研究现状和未来发展趋势。

1.3 AIGC设计利器大观园

在室内设计领域当前的发展趋势中，AI设计软件和自然语言模型的融合，正引发一场革新浪潮。本节将介绍几种在室内设计行业中广泛使用的主流AI工具，以便大家能够充分利用这些工具进行高效创作。

1.3.1 图像生成类工具的崛起

随着AIGC的深度学习和计算机视觉技术的快速发展，AI在图像处理领域的应用已变得日益高效和智能化。这些进步不仅在医疗、媒体娱乐、安全监控等多个行业中简化了日常任务并推动了技术革新，而且在室内设计领域中也开启了新的创新途径。如图1-5所示。

生成对抗网络（GAN）作为图像生成领域的核心技术，通过生成器和判别器网络的协同工作，能创造出极具真实感的图像。这项技术已在图像合成、风格转换、图像增强等方面取得显著成就。当前流行的AIGC图像生成工具如

Midjourney、Stable Diffusion、DALL-E3等，正是利用GAN技术为设计和创意产业带来革命性的工具和视角。这些工具不仅能够生成艺术设计方案、制作视觉效果、编辑图像，还能够在室内设计中发挥一定的作用，如通过自动生成的图像提供装修风格的视觉化参考，模拟不同家具布局的效果，创建符合客户期望的室内空间概念。如图1-6所示。

图 1-5　部分常见的图像生成工具

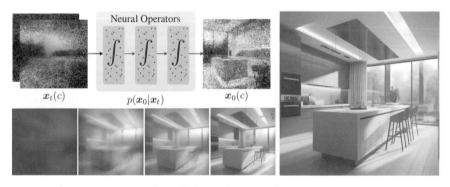

图 1-6　基于运算的图像生成工具生图过程示意图

《太空歌剧院》（图1-7）这一件由艾伦使用AIGC技术创作的数字艺术作品，在科罗拉多州的一个大赛中荣获冠军，展现了AIGC技术在艺术创作领域的巨大潜力。这一成就不仅引起了公众对人工智能技术创新应用的广泛关注，也示范了如何将这些技术应用于室内设计，为设计师提供了一个全新的设计工具箱。设计师可以利用这些工具来创造数字艺术作品进行室内环境绘画和图像合成，甚至在电影和游戏中用于室内特效制作，改进室内效果图的图像质量或修复损坏的图像。更重要的是，它们能够帮助设计师以前所未有的方式探索和实现室内设计概念，从而提升设计的创新性和个性化。接下来将介绍一些主流的图像生成类软件。

图 1-7 用 AIGC 图像生成工具创作的获奖作品《太空歌剧院》

（1）Midjourney

在图像生成类AIGC工具领域，Midjourney（图1-8）展现出了其独特的能力。Midjourney是一种基于语义理解的创新协同系统，专注于图像处理。这一工具利用深度学习和神经网络技术，能根据设计师提供的提示词或描述，迅速产生富有创意的图像和设计概念。Midjourney融合了设计师的创造力与先进的大语言模型计算能力，通过动态的交互和迭代过程，推动新奇且吸引人的设计方案的生成，只需输入提示词或描述即可生成图像，降低了使用门槛。

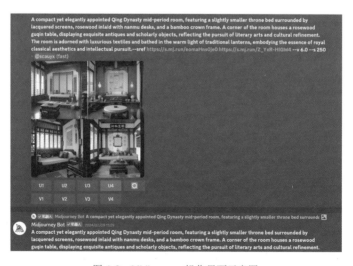

图 1-8 Midjourney 操作界面示意图

Midjourney的能力不仅限于生成图像，它还能从图像或其描述中提炼出设计信息，将这些信息转换为实际可用的设计元素和概念等。通过分析数据集中的图像并提取其特征，Midjourney可在材料选择、颜色匹配、空间布局等关键设计决策上进一步辅助设计师，极大地促进了创意的探索和设计方案的快速迭代。这一工具为寻求新颖的创意和趋势及加速设计过程提供了极大的便利。

设计师还可以利用Midjourney快速地进行方案调整和优化。例如，在客户提出修改意见后，设计师可以快速调整输入的描述，生成新的迭代方案，节约了时间和成本。

（2）Stable Diffusion

在探讨人工智能如何重塑现代室内设计领域的过程中，不可忽视Stable Diffusion（图1-9）这一革命性工具的贡献。类似于Midjourney，Stable Diffusion能够根据设计师的具体需求生成精确且高质量的图像及渲染效果，同时提供了更高的操作灵活性，这包括但不限于对草图进行上色、实现风格的融合、对图像的局部重绘以及进行图像修复等功能。

图1-9　Stable Diffusion 操作界面示意图

Stable Diffusion能够通过脚本快速生成多样风格和布局的设计效果图，相比Midjourney，它提供了更丰富的交互控件和接口，从而赋予操作者对最终图像效果更强的可控性，有效提升了设计工作的效率与成果质量。然而，这种高度的控制性也意味着，不当的人为干预可能导致图像质量的下降。综合来看，Stable Diffusion生成图像的质量极大地依赖于使用者的控制能力；与Midjourney相比，它的图像质量上限更高，但如果操作不当，其质量下限也相应更低。

对于室内设计师而言，Stable Diffusion不仅是一个强大的创意工具，也是一个考验其技术熟练度和创意审美的平台。为了最大化这一工具的潜力，设计师需深入理解其操作机制和功能特性，同时在实践中不断磨炼对该工具的掌控能力。在设计过程中，合理的人为干预和精确的参数调整能够确保生成的图像既符合设计意图，又保持高质量的视觉效果。如图1-10所示。

　　　（a）灰色调　　　　　　　　（b）棕色调　　　　　　　　（c）粉色调

图 1-10　通过 Stable Diffusion 输出的不同色调效果图

此外，Stable Diffusion的应用也促进了设计领域的多样化探索。设计师可以利用其广泛的功能，如风格融合和局部重绘，尝试将不同文化元素和创意思维融入设计中，打破传统设计的界限，创造出独具特色的室内空间方案。这种技术的灵活性和创新潜力，为室内设计提供了无限的可能性，从而推动了设计理念和实践的革新。设计师可根据客户的需要和自己的构思，在Stable Diffusion中准确地控制方案的设计风格、颜色搭配、材料使用等。图1-11为在Stable Diffusion中调整风格参数生成的快速对比调参效果的脚本示意图，可作为直观的对照。

图 1-11　通过 Stable Diffusion 输出的脚本示意图

（3）DALL-E3

DALL-E3（图1-12）是OpenAI研发的一款AI图像生成模型，它与ChatGPT-4的紧密结合使其能够在对话中直接获得理想的图像，每次生成的图片数量为1张。同时该模型也已成功集成到微软的搜索引擎Copilot中，可供用户在搜索时或与Copilot对话中免费使用，每次给出指令最多可生成四张图像，并允许用户根据个人需求筛选、调整图片风格和细节。DALL-E3的显著优势在于其能够准确地将文本指令转化为图像，尽可能还原用户意图，确保输出结果符合用户期望。

图1-12　在ChatGPT及Copilot中可见的DALL-E3操作界面

在室内设计领域，DALL-E3为设计师们提供了一个实用的工具，帮助他们将基于文本的设计意向轻松转化为直观的视觉图像，使设计师能够更快速地探索不同的设计方案，有效地将抽象想法转化为具体呈现。也可以使室内空间的最终用户能更快地了解建筑内部可能的功能和布局等，不仅简化了设计流程，还加强了设计师与客户之间的沟通，使双方能够更清晰地理解彼此的想法和需求。

（4）Photoshop-Beta

Photoshop-Beta（PS-Beta）（图1-13）是Adobe2023推出的一款测试版本的图像处理软件，它重塑了用户创作与组合图像的传统方式。该软件搭载了由Adobe Firefly提供支持的生成式填充、生成式扩展、神经网络滤镜等AI功能，可为室内设计师在修复或提升室内设计效果图方面的需求提供强大支持。利用Photoshop-Beta和其他文生图工具结合，设计师可以轻松地调整和完善设计图像，使其更加生动和符合预期。图1-14展示了使用Photoshop-Beta进行图像扩展的示意，可以帮助设计师无缝扩展视觉元素，在不牺牲图像质量的前提下，增加设计作品的视觉冲击力和表现力。当前在Photoshop的正式版本中也已经内置该技术，在网络环境合适的前提下可以使用。

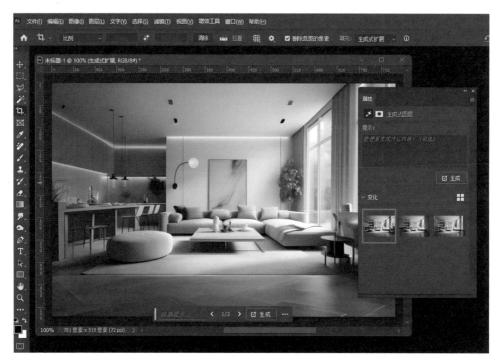

图 1-13　Photoshop-Beta 操作界面示意图

图 1-14　通过 Photoshop-Beta 进行图像扩展的效果示意图

1.3.2　视频生成类工具的魔力

视频内容识别与分析技术作为AIGC领域的一个重要分支，展示了其在整合文字、图像和音频生成方面的综合能力，开辟了应用的广阔天地。视频生成类AIGC技术（图1-15）在视频剪辑、特效制作、动画创建以及VR/AR体验构建等方面，展现了其独特的创新潜力。这些技术不仅能实现视频内容的自动剪辑和动画创作，还能为虚拟内容提供多维度的呈现方式。

图 1-15　部分视频生成工具

如CapCut（剪映）专业版、一帧秒创、Morph Studio AI、Runway、D-ID、Kaiber等工具已被广泛应用于视频制作领域，服务于个人创作者、学生、专业视频制作人员及各类企业。这些AIGC工具的应用范围涵盖了自动监控系统异常检测、广告制作、虚拟现实、市场营销、体育分析、自动驾驶、媒体娱乐以及教育培训等多个领域。

在室内设计领域，视频生成类AIGC技术同样展现了其强大的应用潜力。通过生成和模拟室内空间的视频，设计师可以在设计方案实施之前，为客户提供直观的设计效果预览。这不仅有助于加深客户对设计概念的理解，还能提前发现并调整可能的设计问题，确保最终实施的方案更加贴近客户的需求和期望。此外，通过虚拟现实技术，客户可以在虚拟环境中亲身体验设计方案，从而在空间布局、材料选择或光线效果等方面做出更加明智的决策。

借助AIGC技术，电影和广告制作行业已经实现了创新突破，如使用Midjourney和Runway Gen-2等AI软件制作的AI版《流浪地球3》预告片便是一个典型例证。类似地，在室内设计中应用这些视频生成工具能够模拟生成室内外空间，甚至在设计方案实施前就能实现对设计效果的虚拟现实体验，极大地提升了设计的可视性和互动性，使消费者能够直观地感受到设计的魅力。

（1）Runway Gen-2

Runway Gen-2，作为Runway品牌旗下的第二代人工智能软件，代表了在视频内容生成领域的一次重大技术突破。该软件为零基础的初学者进行了专门的设计开发，以支持其利用文本描述、图像或现有视频剪辑生成高质量且高度可定制的视频内容。这种创新技术赋予了室内设计师前所未有的能力，使他们能够通过输入由ChatGPT生成的文本描述或是利用Midjourney等AI绘图工具创作的设计图像，制作出展示空间布局变化、室内不同光线效果等动态室内设计展示视频。这样的动态展示对于帮助客户更加直观地理解和感受设计方案起到了至关重要的作用。

Runway Gen-2的应用不仅为室内设计师提供了一个强大的视觉表达工具，也极大地提升了设计方案展示的互动性和沟通效率。通过这种高度动态的视觉展示，设计师能够更生动地传达设计理念，同时客户也能更深刻地体验和评估设计方案的实用性与美观性。此外，Runway Gen-2的高度可定制性和灵活性进一步扩展了设计师在创意表达和技术实现上的界限，激发了室内设计领域的创新潮流。如图1-16所示。

图1-16 利用Runway Gen-2输出的室内设计方案视频截图

（2）Pika

Pika是一款由Pika Labs开发的AI视频生成和编辑工具。与Runway Gen-2类似的是，设计师可以通过文本提示，如"现代风格的客厅"或"未来的卧室环境"，来生成展示特定设计理念的视频，以动态且直观的方式展示他们的设计方案，为客户提供更加生动的体验。如图1-17所示。

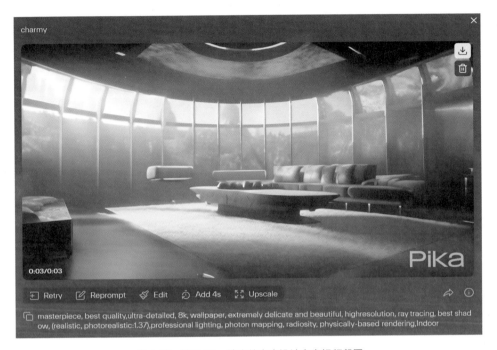

图 1-17　利用 Pika 输出的室内设计方案视频截图

第 2 章

AIGC 工具绘制效果图入门

2.1　Midjourney 实操指南

2.1.1　Midjourney的安装

（1）如何获取和安装 AIGC 工具

①目前只能直接通过官网或Discord这个平台使用Midjourney。如果通过Discord平台使用，需要访问Discord的官网，如图2-1所示，单击"Download for Windows"可下载软件。

图 2-1　Discord 官网界面

②打开下载的文件，按照提示进行安装。安装完成后，打开Discord可以看到蓝色小字Register，单击"Register"后输入邮箱和密码进行注册。

③注册成功后，就可以在Discord登录界面登录（过程中可能会出现"是否为人类"的验证，勾选后按照要求验证即可），如图2-2所示。进入主界面后，单击左侧栏的加号，选择"Join a Server"，然后选择"Don't have an invite?"，在搜索框中输入Midjourney，如图2-3和图2-4所示。

图 2-2　Discord 登录界面

图 2-3　添加服务器

图 2-4　添加 Midjourney 社区

④选择任意一个服务器进入后，单击右侧的"Midjourney Bot"的"Add App"，将其加入自己的服务器，单击"Continue"，授权加入成功后，就可以在Midjourney里使用它的功能了。如图2-5所示。

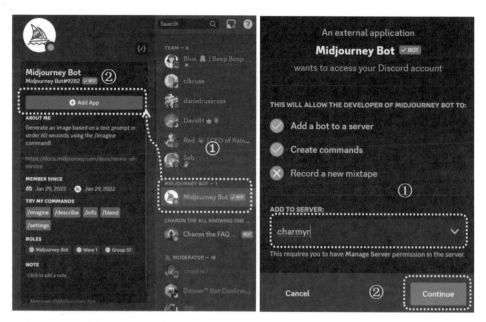

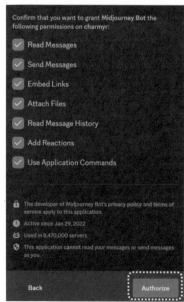

图 2-5　添加 Midjourney Bot

（2）界面熟悉和功能预览

登录Midjourney后可看到如图2-6所示的界面，图中显示了各功能预览。在界面左侧的每个服务器中，可以看到不同的频道，用于不同的目的。在Midjourney的官方服务器中，可以找到以下频道。

- support：如果有计费或技术问题，可以在这里寻求Midjourney指导的帮助。
- newbies：如果是Midjourney的新用户，可以在这里使用/imagine指令来生成图像。
- daily-theme：可以在这里参与每日主题的图像创作活动，使用当天的提示词来生成图像。
- announcements：可以在这里查看Midjourney的最新公告和更新。
- feedback：可以在这里提供对Midjourney的反馈和建议。
- general：可以在这些频道中与其他Midjourney用户交流和协作，也可以使用/imagine指令来生成图像。

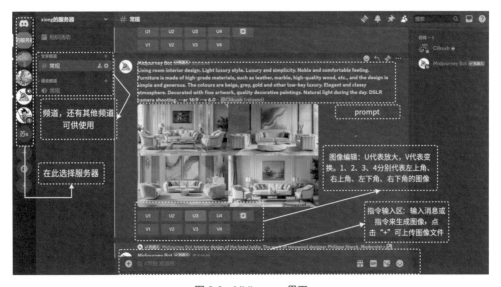

图 2-6　Midjourney 界面

2.1.2　什么是prompt（提示词）

prompt（提示词）是指用户输入的一段描述性文字或短语，用于指导AI系统生成符合要求的图像。这些prompt描述了用户希望生成的图像的具体内容、风格、色彩、氛围等特征。prompt的选择和组合对于生成图像的质量和效果至关重要。恰当的prompt可以帮助AI系统更准确地理解用户的意图，并生成更符合期望的图像。因此，在使用AI绘画工具时，用户通常需要花费一定的时间和精力来构思和调整自己的prompt，以达到最佳的创作效果。prompt是AI绘画中用户与AI系统之间沟通的重要桥梁，它决定了最终生成图像的基本特征和风格。

在室内设计中，prompt的内容通常包括空间类型、设计风格、色彩和材质、家具和装饰物、光线、氛围描述等，例如：

- interior design of the living room（客厅的室内设计）
- modern minimalist style combined with rustic natural style（现代简约风格与质朴自然风格相结合）
- wide and comfortable sofa for three people（可供三人使用的宽敞舒适沙发）
- comfortable cushions, soft carpet（舒适的靠垫，柔软的地毯）
- the home audio-visual area is equipped with comfortable TV viewing equipment, creating a cosy corner suitable for watching movies（家庭视听区配备了舒适的电视观看设备，营造出适合看电影的舒适角落）
- the dining area uses a simple dining table and chairs and is connected to the living room to create a unified open space（用餐区使用简约的餐桌椅，并与客厅相连，营造出统一的开放空间）
- small baroque style ornaments add colour and sophistication to the space（小型巴洛克风格的装饰品为空间增添了色彩和精致感）
- matching other furniture（搭配其他家具）
- light colours to match（浅色匹配）
- bright and soft interior light（明亮柔和的车内光线）
- the whole space is warm and soft（整个空间温暖而柔软）
- premium feel（高级手感）
- DSLR camera shot, super clear details（超级清晰的细节）
- 32K

Midjourney使用以上prompt生成的图片如图2-7所示。

Midjourney的prompt输入区在界面下方，如图2-8所示。

在此区域输入英文符号"/"，则会显示若干个指令，选择或直接输入正确指令后，再输入prompt，便可执行指令，生成图片。如果被选中的指令需要填写参数,则指令后会出现参数类型,如/blend指令,如图2-9所示。

图 2-7　Midjourney 生成图片示例

图 2-8　Midjourney 的 prompt 输入区

指令不同,"参数"的类型也不同,可能是一段文字,也可能是一张或多张图像。在Midjourney中,prompt还包括对图像的参数控制,在描述内容的词语后输入参数,可帮助用户更精细地调整生成的图像。表2-1是一些主要的控制参数及其介绍。

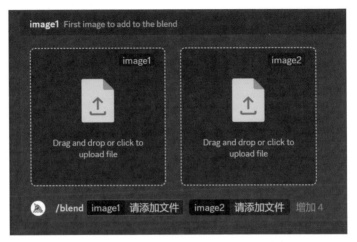

图 2-9 Midjourney 的 /blend 指令输入区

表 2-1 控制参数介绍

参数	描述	示例	数值范围/说明
ar或aspect	控制图片的长宽比	--ar 16:9	自定义比例，如16:9、5:4等
stylize或s	控制生成图片的风格化程度	--s 500	1~1000，数值越高，风格化越明显
chaos或c	控制模型的随机性	--chaos 50	通常是0~100，数值越高，随机性越大
quality或q	决定图像处理的程度或生成时间	--quality 2	数值越高，图像细节越多，生成时间可能越长
iw	垫图参数，控制垫图对生成图像的影响	--iw 1	0.5~2，数值越高，生成的图像越接近垫图
v	代表模型的版本	--v 6.0	5.0、5.1、5.2、6.0等版本使用较多，新版本图片质量更好
no	负向权重参数	--no flower	不希望图中出现的元素
seed	种子值参数	--seed	使用相同的种子编号和提示词可生成相似的图片

2.1.3 指令介绍

（1）/imagine

在Midjourney中，/imagine指令是最核心、最常用的指令，用于根据用户输入的prompt生成图像。用户可以详细描述他们希望看到的场景、对象、风格等，Midjourney会根据这些描述生成相应的图像。

在个人服务器指令对话框中输入斜杠"/"后，在弹出栏中选择"/imagine"选项，接着输入自己对想要生成的图像的描述，即可生成图片，如图2-10所示。

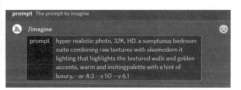

图2-10 /imagine 指令输入

用户可以单击生成的图片，通常会有一个链接打开大图，直接保存图片即可。生成图像后，用户可以在图片下方看到两行字母（U1、U2、U3、U4、V1、V2、V3、V4），如图2-11所示。

图2-11 /imagine 生成图片示例

这些通常代表不同模型版本号的图片。按钮U可以用于放大图像，生成所选图像的更大版本并添加更多细节。按钮V用于生成衍生图像，当对初始图像不满意时可进行此操作。1代表左上角的图像，2代表右上角的图像，3代表左下角的图像，4代表右下角的图像。如单击V1，则会变换左上角的图像，生成其衍生图像。

单击U3后,如图2-12所示。下面将一一介绍图中的指令。

图2-12 U3(放大图)

①Upscale。在图2-12中,Upscale功能是一种超分辨率算法,主要用于将低分辨率的图片放大并还原成高分辨率的图片。这种技术能够增加图像的细节和清晰度,降低模糊程度,减少噪点,从而显著提升图像的整体质量。

a. Subtle模式可以理解为一种强力的放大方式,它更注重于保持图像的原始细节和结构,尽量在放大的过程中减少信息的损失。这种模式下,图像的整体质量和清晰度通常能得到显著提升,但相对较为保守,不太会引入新的元素或进行较大的改动,如图2-13所示。

图2-13 Upscale(Subtle)操作效果示意图

b. Creative模式则更倾向于创造性地放大，在放大图像的同时，它会尝试对图像内容进行一些小的改变或优化，以提升整体视觉效果。这种模式下，你可能会发现图像中出现了一些新的细节或元素，或者在色彩、对比度等方面进行了调整。这种创造性的放大方式有助于为图像注入更多的艺术感和创新性。如图2-14所示，可以看出部分细节与原图不同。

图2-14　Upscale（Creative）操作效果示意图

Upscale功能通过特定的算法和处理方式，实现了对图像的高效放大和优化，让用户能够获得更加清晰、细腻的图像效果。放大的图片可以进行二次操作。

②Vary。Vary功能是一组滤镜和变化工具，旨在通过调整图像的色调、颜色和其他参数，来改变图像的氛围和风格。这些滤镜和工具提供了多种选择，用户可以根据自己的需求和喜好，选择适合的滤镜来优化图像效果。它有以下三种模式。

a. Vary（Subtle）：弱变化模式。这种模式下，变化后与原图差异较小，适合进行细微的调整和优化，如图2-15所示。

b. Vary（Strong）：强变化模式。在此模式下，变化后与原图差异较大，能够产生显著的变化效果，如图2-16所示。

图 2-15 Vary（Subtle）操作效果示意图

图 2-16 Vary（Strong）操作效果示意图

c. Vary（Region）：局部变化模式。这种模式允许用户选取特定的图像区域，然后描述需要的变化。通过选择编辑区域并应用变化，用户可以对图像的特定部分进行精确的修改，而不影响其他部分。如图2-17所示，选出需要重绘的部分后，输入prompt，提交。

图 2-17　Vary(Region) 操作效果示意图

Vary功能在Midjourney中的应用非常广泛,不仅可以用于生成新的图像,还可以对已有的图像进行编辑和调整,使其更符合用户的期望和要求。生成的图片可再次进行放大、变换等二次操作。

③Zoom Out。在图2-12中,Zoom Out是一种用于缩小图像并扩展画布原始边界(即拉远镜头并扩大视野)的功能,不改变原始图像的内容。

a. Zoom Out 2×:将视野扩大2倍,原始图像缩小至原来的1/2。

b. Zoom Out 1.5×:将视野扩大1.5倍,原始图像缩小至原来的2/3。

c. Custom Zoom:自定义缩放调整。单击Custom Zoom按钮,会弹出一个文本框，用户可以在其中输入自己需要的缩放比例或其他相关prompt，如图2-18所示。

图 2-18　Custom Zoom prompt 输入框

当使用Zoom Out指令时，新扩展的画布部分将根据用户提供的提示和原始图像的指导进行填充。这意味着，虽然原始图像的内容保持不变，但新的画布区域会根据提示信息智能地生成与原始图像相协调的内容，从而保持整体的一致性和连贯性。

④Make Square。Make Square功能是一种用于将图像从非正方形纵横比转换为正方形纵横比的工具。当处理宽图像（横向）时，Make Square功能会垂直扩展图像；而对于高图像（纵向），则会水平扩展图像。这种转换并不是简单地通过裁切图像来实现的，而是通过重构画面的方式，对图像进行智能的扩展和填充。如图2-19所示。

图 2-19　Make Square 操作效果示意图

在使用Make Square功能后，虽然图像被扩展到了正方形纵横比，但需要注意的是，图像的分辨率可能会发生变化。例如，四张组合成的大图分辨率为2048×2048，那么每张小图的分辨率就是1024×1024。因此，尽管图像的比例改变了，但整体尺寸并没有变大，反而是缩小了。

⑤箭头。图2-12中下方的四个箭头为平移工具。四个方向箭头按钮分别代表向左、向右、向上和向下。当用户单击其中一个箭头按钮时，图片就会在该方向上进行扩展，并填充新的内容。这种扩展是基于用户之前提供的prompt和图像中的已有信息来进行的，因此填充的内容通常会与原始图像保持一定的连贯性和风格一致性。例如单击右箭头，得到图2-20。

图2-20　向右移动生成的图像

平移工具的一个显著特点是它的连续性和可控性。用户可以不断单击箭头按钮，使图像持续在特定方向上扩展，直到达到满意的效果为止。同时，用户还可以通过修改prompt来调整扩展内容，以满足不同的创作需求。

除了文生图外，/imagine指令还有垫图功能，即生成的图像会参考上传的图像，操作步骤如下。

步骤1：在输入栏单击"+"号，上传所需的垫图文件。

注意：垫图文件只支持jpg和png图片格式。上传完毕后，按回车键进行确认。

步骤2：单击刚上传的垫图，打开原图，然后将地址栏的网址全部复制下来。

步骤3：回到输入栏，输入"/imagine"指令，并粘贴刚才复制的垫图地址，如图2-21所示。

注意：粘贴地址后要空一格，再输入想要生成的prompt。

图2-21 垫图的 prompt 输入

步骤4：等待Midjourney根据垫图和prompt生成结果。生成结果如图2-22所示。

图2-22 垫图和 prompt 生成结果

Midjourney的v5版本增加了垫图的权重功能。用户可以在prompt后面输入"--iw"，iw后的数值为0.5～2，数值越高，生成的图像越接近原图。同时，为了确保生成效果，建议垫图后的prompt尽量不要写太多。

（2）/blend

/blend指令在Midjourney中是一个强大的工具，它允许用户上传多张图像并将其混合在一起来创建新的图像。以下是关于/blend指令的详细操作。

①上传图像（图2-23）。当使用/blend指令时，系统会提示用户上传两张图像。如果需要添加更多图像，可以选择optional/options字段，并选择image3、image4或image5。/blend指令最多可处理5张图像。

图 2-23　/blend 图像上传

②图像混合比例（图2-24）。在默认情况下，混合图像具有1:1的比例，即正方形。但用户可以使用可选的dimensions字段来选择不同的比例，单击dimensions后如图2-24所示，Portrait表示纵向比例（2:3），Square表示正方形（1:1），Landscape表示横向比例（3:2）。

图 2-24　/blend 图像混合比例选择

运行结果如图2-25所示。

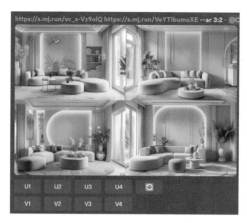

图2-25 /blend指令运行结果

③限制与注意事项。/blend指令不支持使用文字描述来混合图像，只能使用图像作为输入。同时，/blend指令可能需要比其他指令更长的时间才能启动，图像必须在Midjourney Bot处理请求之前完成上传。

（3）/describe

/describe指令的作用是将图像转化为一种文本形式的描述，这种描述可以用于进一步生成与原始图像相关但具有独特变化和创意的新图像。

使用/describe指令的具体步骤如图2-26所示。

①输入"/describe"指令。

②将想要解析的图片上传到指定的区域，有图片（image）和输入图片链接（link）两种方式，选择image后将图片上传到虚线框内；选择link则需要先将图片上传到对话框，选择图片在浏览器中打开，将图片链接复制到指令框中。

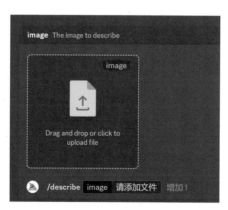

（a）图片（image）

（b）图片链接（link）

图 2-26　/describe 图片上传

③上传完成后，按下回车键，Midjourney就会开始处理这个图像。

经过一段时间的处理，Midjourney会返回结果，这些结果通常是一段或几段详细的文本描述，描述了输入图像中的主体、构图、材质、风格、特效等内容。如图2-27所示。

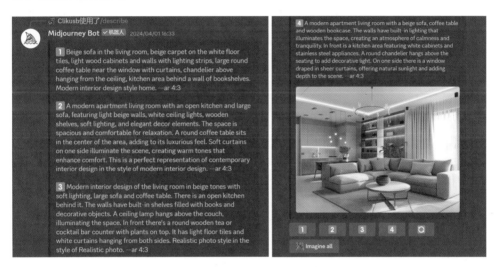

图 2-27　/describe 指令运行结果

这些描述可以作为新的prompt，用于进一步生成新的图像，或者帮助用户更好地理解原始图像的内容和特点。值得注意的是，虽然/describe指令在识别图像的各个方面表现出色，但它并不能完全精准地还原图像的所有细节。此外，为了避免影响提示词的生成，上传的图像最好不要包含文字内容。

总的来说，/describe指令是一个非常有用的工具，它能够帮助用户从图像中提取关键信息，并以文本的形式呈现出来，为后续的图像生成或创作提供灵感和参考。

（4）其他指令

①/fast和/relax。调整图像生成的时间。fast模式会加快生成速度，而relax模式则会相对较慢，但可能生成更精细的图像。直接输入"/fast"或"/relax"即

可切换模式。

②/stealth和/public。针对专业计划用户。stealth模式使生成的图像不在社区展示，而public模式则会在画廊中对所有人可见。

③/ask。提出问题。Midjourney会尝试回答或提供相关信息。输入"/ask"后，紧接着输入问题，例如"/ask如何调整图像亮度"。

④/help。提供Midjourney的基本信息和常用提示，类似于帮助中心。

⑤/subscribe。为用户的账户生成一个个人订阅链接，方便用户进行订阅或分享。输入"/subscribe"后，系统会生成一个链接，用户可以复制并分享或进行订阅。

⑥/daily-theme。启用或禁用每日主题的通知，这样用户可以每天收到关于新主题的提醒。输入"/daily-theme"后，选择启用或禁用。

⑦/prefer。创建或管理自定义选项，如后缀或混音模式。例如，"/prefer suffix"允许用户设置一个后缀，该后缀会自动添加到每个提示的末尾。

2.2 Stable Diffusion 实操指南

2.2.1 Stable Diffusion的部署步骤

（1）如何获取和部署 AIGC 工具

①在网页上查找Stable Diffusion WebUI，在上面可直接使用Stable Diffusion，但运行速度没有本地部署快。

②使用Git。这是一种比较灵活自由的方法，用户可以自己选择适合的模型和插件，也可以更容易地更新和升级。由于这种方法部署较为复杂和耗时耗力，且本地部署后不一定能运行成功，这里不详细讲述，若读者感兴趣，可自行搜索相关信息。

③使用整合包（推荐）。这是一种比较简单方便的方法，只需要下载一个压缩包，然后解压运行即可。在哔哩哔哩网站上有许多UP主提供整合安装包，读者可以自行获取。

（2）界面熟悉和功能预览（此处只做较常用功能的介绍）

①文生图。如图2-28所示，在A区域可以更换最主要的模型（即俗称的大模型），而在B区域则可以更换VAE模型，该模型关乎图片色彩鲜明度等。C和D为正向提示词和反向提示词的输入框，其中在C框中输入想要的内容，在D框中

输入不想看到的内容。E为使用Lora等功能的标签栏，F则涉及所需要使用的采样方法，其中DPM++2M Karras、DPM++ SDE Karras和Euler a采样模型比较常用。G为生成图像的浏览区域。单击H区域的"生成"按钮则意味着同意执行上述设置并进行图片生成。

图2-28　Stable Diffusion 文生图操作界面

如图2-29所示，在A区域可以设定生成图像的规格。为了减少显存的消耗并提高生成效率，生成的图像分辨率不宜过大，由于部分大模型是以像素为512×512的图像进行训练的，长宽数值设定在512×512或512×768比较合适。在B区域可以设定想要生成图片的次数和张数，这个可以根据自己显卡的运算能力进行选择。C区域的提示词引导系数（CFG Scale）决定了生成的图像与提示词相关程度的高低，同时与随机数种子值（Seed）结合使用，可以对图像与特定风格图像进行关联。D为ControlNet功能的控制区，在这里可搭配多个ControlNet进行控制。E为ControlNet的参考图上传区域。在F区域单击"启用"即可使用ControlNet，若所使用的计算机显存不高，则建议采用"低显存模式"，以确保能够顺利开展工作而不出错。"完美像素模式"可以提高绘画质量，勾选"允许预览"可以查看预处理特征信息。G为拟采用的算法区域，每个算法的设定和功能都有所不同。G下方的下拉菜单为选择与算法对应的处理器和模型的区域。在H区域可控制权重，调节ControlNet对图像的影响，介入与终止时机可调节ControlNet的影响时间。在I区域默认选择均衡模式即可。

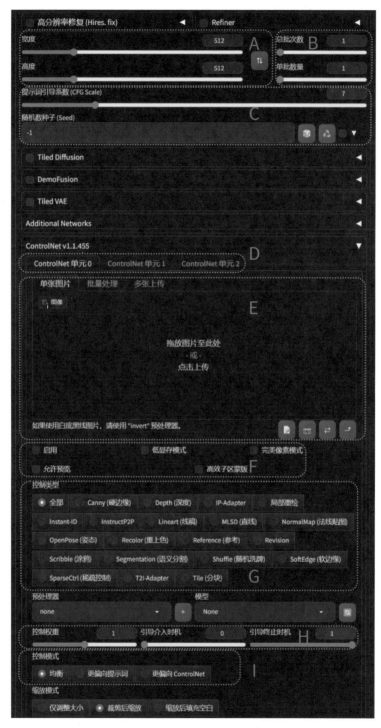

图 2-29 Stable Diffusion 参数调整区域

②图生图（与文生图一致的参数设置此处省略）。如图2-30所示，单击A即可打开图生图操作界面，其与文生图操作界面有很多相同之处，通过B处的WD1.4标签器可分析现有图片中的关键信息并生成提示词。

图2-30　Stable Diffusion 图生图操作界面

在图2-31的A区域有多个功能区如下。

- 图生图：上传参考图以调整编辑生成新的图像。
- 涂鸦绘制：无蒙版功能，笔刷颜色会决定出图的颜色，可使用多个颜色，适合在增加图片元素或更改图片元素时使用。
- 局部重绘：有蒙版功能，只改变想让图片变化之处，笔刷颜色不决定出图颜色，涂鸦时只保留一种颜色。
- 涂鸦重绘：有蒙版功能，笔刷颜色决定出图颜色，可使用多个颜色，为涂鸦绘制和局部重绘的结合。
- 上传重绘蒙版：采用PS或其他工具制作蒙版，将蒙版上传至此处。
- 批量处理：可批量处理多个文件，但需注意关联的文件夹路径必须都为英文。

图2-31中的B为缩放模式选区，有以下几种模式。

- 仅调整大小：可以拉伸图片至想要的尺寸。
- 裁剪后缩放：将图片裁剪成想要的比例。
- 缩放后填充空白：以图片最后一个像素为基础来填充新尺寸的元素。
- 调整大小：类似于拉伸，采集噪点时有较高随机性。

在图2-31的C区域可以设置重绘图像的尺寸，尺寸不宜过大，还可以进行重绘尺寸倍数的设置；D处的三角形按钮可用于识别上传图片的尺寸大小；E处的重绘幅度参数设置越大，生成的图像与原图关联度越低，参数设置越小则越接近原图。

图 2-31　图生图基础命令

如图2-32所示，在A区域调整的是蒙版区域边缘的高斯模糊程度，此处数值越高则蒙版区域与周围区域过渡越柔和。B为两种不同的蒙版模式：选择"重绘蒙版内容"则蒙版内容改变，其他内容予以保留；选择"重绘非蒙版内容"则只改变非蒙版区域，保留蒙版内容。在重绘区域C的选择中，若勾选"整张图片"，则运算结果分布于整张图片，蒙版区域精度会低些；若勾选"仅蒙版区域"，则运算结果集中在蒙版区域，蒙版区域图片精度更高。

图 2-32 图生图局部重绘界面

③后期处理。如图2-33所示,在A区域上传想要无损放大的图片。在B区域设置放大算法,如R-ESRGAN 4x+ 这款流行的人工智能图像增强工具,获得放大且高清晰度的图像。在C区域设置放大倍数或最终缩放到的图片规格大小,如果希望获得与原图比例不同的图片,还需要勾选"裁剪以适应宽高比"复选框。此外,"GFPGAN可见程度"和"CodeFormer可见程度"在室内设计领域运用较少,这个参数主要涉及人物脸部图像的修复,多用于老照片修复和人脸美化等。

图 2-33 Stable Diffusion 后期处理界面

④图片信息。如图2-34所示,在A区域上传想要倒推提示词及参数等信息

的图像，倒推的信息会在右侧显示。在B区域可根据需要选择将参数发送至特定界面。

图 2-34　Stable Diffusion 图片信息

⑤扩展。Stable Diffusion的功能不仅限于以上所展示的内容，由于其是开源应用，还有很多功能可以通过"扩展"来进行加载，如在图2-35的A区域中单击"从网址安装"，即可基于已知链接加载相关功能。此外，也可在Stable Diffusion里搜索适合的插件并进行加载安装，完成后单击B处的"应用更改并重启"便可使用插件。

图 2-35　Stable Diffusion 扩展界面

2.2.2　Stable Diffusion基础命令速成

（1）Stable Diffusion 模型介绍和应用场景

Stable Diffusion（缩写为SD）常见模型见表2-2。

表 2-2　Stable Diffusion 常见模型

名词	解释说明	应用场景
Stable Diffusion	一种基于扩散模型的先进人工智能技术，特别适用于从文本到图像（text-to-image）的生成任务。该模型由CompVis、Stability AI、LAION等研究机构和公司合作研发，它利用扩散过程在潜在空间（latent space）中生成图像，而不是直接在高维像素空间中操作	用于生成可控的室内设计视觉效果，如模拟特定风格（现代、复古等）的室内环境，或根据文本描述生成具体设计元素（家具、装饰等）

续表

名词	解释说明	应用场景
SD WebUI	Stable Diffusion WebUI（SD WebUI）是一个用于交互式控制和使用SD模型的网页应用程序界面，用户可以通过这个界面输入prompt来驱动模型生成相应的图像。SD WebUI提供了简单易用的方式来让用户体验和设计基于Stable Diffusion的文本到图像生成过程	为设计师提供一个直观的平台，通过实验和预览他们的设计想法，在项目实际实施前探索和改进设计方案
Python	一种被广泛使用的高级编程语言，以其语法简洁清晰和代码可读性强而著称。在AI领域，Python尤为流行，因为它拥有丰富的科学计算、机器学习和数据处理相关的库，比如NumPy、Pandas和TensorFlow等。在部署和使用像Stable Diffusion这样的深度学习模型时，Python常被作为开发和运行环境的基础	在室内设计流程中被广泛应用，如使用Python脚本来调用Stable Diffusion API，自动生成设计草图，或处理和分析设计项目中的数据
ControlNet插件	针对SD模型开发的一种功能扩展插件，它允许用户在文本生成图像的过程中实现更为细致和精确的控制。该插件使得用户不仅能够通过prompt指导模型生成图像，还能添加额外的输入条件，比如控制图像的构图、颜色、纹理、物体位置、人物姿势、景深、线条草图、图像分割等多种图像特征。通过这种方式，ControlNet提升了AI绘画系统的可控性和灵活性，使得艺术创作和图像编辑更加精细化	使设计师能够在生成室内设计视觉效果时，对图像的各个方面进行精确调整，确保最终效果符合项目要求
ControlNet模型	ControlNet模型是配合上述插件工作的一个组成部分，它是经过训练以实现对大型预训练扩散模型（如Stable Diffusion）进行细粒度控制的附加神经网络模型。ControlNet模型可以学习如何根据用户的特定需求去调整原始扩散模型的输出，即便是在训练数据有限的情况下，依然能够确保生成结果的质量和稳定性。例如，ControlNet可能包括用于识别和利用边缘映射、分割映射或关键点信息的子模块，从而实现对生成图像的特定区域进行针对性修改或强化	在创建特定室内设计项目时，用于对生成的图像进行细节上的调整，如调整光照效果、物体的位置和大小，以更好地符合设计意图
VAE	VAE（variational auto-encoder，变分自编码器）是一种概率生成模型，它结合了编码器（将输入数据编码为潜在空间中的概率分布）和解码器（从潜在空间重构数据）的概念。在图像生成场景中，VAE可以学习数据的潜在表示，并基于这些表示生成新的图像	用于创建和细化室内设计元素的纹理和样式，通过学习现有设计数据的潜在表示，VAE能够生成新的设计元素，增加设计的多样性

续表

名词	解释说明	应用场景
Checkpoint	Checkpoint是Stable Diffusion中能够绘图的基础模型，因此被称为大模型、底模型或者主模型，在WebUI上就叫它Stable Diffusion模型。安装完SD软件后，必须搭配主模型才能使用。不同的主模型，其画风和擅长的领域各有侧重。Checkpoint模型包含生成图像所需的一切，不需要额外的文件	根据项目需求选择合适的Checkpoint，如选择一个专注于现代极简风格的模型来生成室内设计方案，或使用另一个擅长自然场景渲染的模型来创建户外景观设计
hyper-network	hyper-network（超网络）是一种模型微调技术，最初是由Nova AI公司开发的。它是一个附属于Stable Diffusion稳定扩散模型的小型神经网络，是一种额外训练出来的辅助模型，用于修正Stable Diffusion稳定扩散模型的风格	用于个性化项目，如根据客户的特定喜好微调室内设计方案的风格，或为特定品牌创建独特的设计语言
LoRA	全称是low-rank adaptation of large language models（低秩的适应大语言模型），可以理解为SD模型的一种插件，和hyper-network、ControlNet一样，都是在不修改SD模型的前提下，利用少量数据训练出一种画风/IP/人物，实现定制化需求，所需的训练资源比训练SD模型要小很多，非常适合社区使用者和个人开发者。LoRA最初应用于NLP领域，用于微调GPT-3等模型。由于GPT参数量超过千亿，训练成本太高，因此LoRA采用了一个办法，仅训练低秩矩阵（low rank matrix），使用时将LoRA模型的参数注入（inject）SD模型，从而改变SD模型的生成风格，或者为SD模型添加新的人物/IP	用于在训练资源有限的情况下实现特定设计风格或添加新的设计元素，如为室内设计添加特定艺术品风格的渲染效果，或定制化设计特定人物或IP的室内场景

（2）文生图界面基础命令介绍

与Midjourney不同的是，Stable Diffusion不仅需要输入提示词，还要酌情输入反向提示词。

①提示词（prompt）。

a.定义与作用。提示词是向Stable Diffusion模型提供的输入文本，它描述了用户想要生成的图像内容。精确地描述期望的场景、物体、颜色等，使模型能够根据这些描述生成图像。

b.使用指南。在提示词中使用清晰、具体的描述，避免模糊或过于宽泛的词汇。例如，室内设计图像包括空间功能、主要颜色方案、风格（如现代、极简、工业等）和关键元素（如植物、书架、大型窗户）。

②反向提示词（negative prompt）。

a.定义与作用。反向提示词是用来告诉模型不希望在生成的图像中出现什么内容。这是优化输出图像，排除不希望出现的元素或特征的有效方式。图2-36为使用反向提示词前后效果的对比。

（a）无反向提示词　　　　　　　　　（b）有反向提示词

图2-36　有无反向提示词的对比

b.使用指南。当发现生成的图像中包含不希望出现的元素时，可通过添加具体的反向提示词来避免这些元素。例如，如果不希望图像具有插图风格，可以添加"无插图、无绘画"等反向提示词。

常用反向提示词：

> low resolution, error, cropped, worst quality, low quality, jpeg artifacts, out of frame, watermark, signature, username, blur, artist name（低分辨率、错误、裁剪、最差质量、低质量、jpeg伪像、帧失调、水印、签名、用户名、模糊、艺术家名称）。

③采样迭代步数（steps）。

a.定义与作用。steps代表在图像生成过程中，模型从初始噪声图像逐步细化到最终图像所进行的迭代次数。步数越多，图像通常越细腻，但同时也意味着需要更多的处理时间和计算资源。

b.使用指南。对于初步概念验证或快速迭代，使用较少的步数（如10～15steps）。找到理想的提示词后，步数可增加到20～30以提高图像质量。对于需要高细节表现的图像（如具有复杂纹理的表面），步数可以进一步增加到40甚至更高。然而，需要注意的是，过多的步数并不总是带来更好的结果，特别是在使用快速采样器（如DDIM和DPM++系列）时，步数控制在100以内通常已足够。对这些采样器使用较多的步数，很可能只会浪费时间和GPU算力，而不会提高图像质量。不同采样步数的对比如图2-37所示。

(a) step1　　　　　　　(b) step5　　　　　　　(c) step10

(d) step15　　　　　　　　　　(e) step20

图 2-37　不同采样步数的对比图

> **Prompt**: couch, no humans, window, scenery, sky, indoors, cityscape, table, building, cloud, lamp, pillow, cup, skyscraper, city, curtains, chair, xiandai, jijian

注意：训练LoRA时使用拼音，则LoRA的提示词中会出现拼音形式。

④采样器（sampler）。

a.定义与作用。在Stable Diffusion的工作过程中，使用采样器是通过对初始噪声画布进行系统性降噪来生成图像的关键环节。这些采样器，本质上是一系列算法，负责在每次迭代步骤后审视并调整生成的图像，使之更接近用户通过文本提示所描述的场景或对象。通过逐步修改噪声，直到生成的图像与文本描述相匹配，采样器确保了生成过程的高度定制性和灵活性。

b.常用采样器。常用的采样器有Euler a、DDIM和DPM++系列。

Euler a可提供更平滑的颜色过渡和较模糊的边缘，生成的图像带有一种梦幻般的美感。若偏好此类效果，Euler a是一个理想的选择。

DDIM平衡了图像生成的速度和质量，适合那些寻求较快输出而不过分牺牲图像细节的用户。

DPM++系列专注于生成高度写实的图像，适用于追求高清晰度和细节丰富度的场景。

尽管采样器的工作原理可能显得有些抽象和复杂，但实际上，对同一图像使用不同采样器进行实验，可以直观地感受到它们各自的特点和适用场景。建议用户根据自己的需求和偏好，尝试这三种主要的采样器，找出最符合自己创作目的的工具。使用不同采样器的对比如图2-38所示。

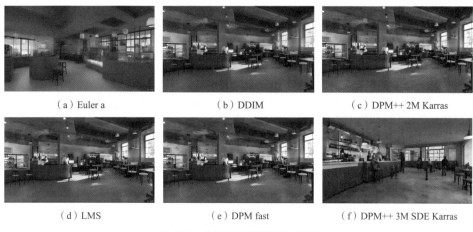

图 2-38 使用不同采样器的对比图

Prompt: coffee shop, refined light and shadow treatment, optimized light source distribution, light scattering ,cinematic, stunning, very detailed, concept art, realistic, high-quality texture representation, 8K resolution

除了Euler a、DDIM和DPM++系列，还有如LMS、DPM fast等其他采样器可供选择，它们在生成速度上可能有优势，但在图像的完整性和细节表现上可能有所欠缺。选择采样器时，考虑图像的预期用途、风格偏好和生成速度的需求是非常重要的。例如，对于概念验证或快速草图，速度可能是首要考虑因素；而对于最终展示的设计图，图像质量和细节的丰富度则更加重要。通过深入理解和灵活运用不同的采样器，用户可以有效地控制Stable Diffusion生成图像的过程，实现个性化和高质量的视觉内容创作。

⑤生成批次和每批数量。

a.定义与作用。

生成批次（feneration batches）：指的是在一次完整的生成周期中，显卡将分批完成的总批次数。这决定了显卡需要完成几轮图像生成，以生成用户所需的全部图像。

每批数量（images per batch）：每批数量定义了显卡在每个生成批次中将生成的图像数。这是显卡在一次批处理中能够同时生成的图像数量。

b.操作指南。当操作Stable Diffusion或任何依赖显卡计算的图像生成工具时，通过生成批次和每批数量两个参数来控制总共要生成的图像数量，最终生成的图像总数等于生成批次乘以每批数量。调整这两个参数时需要考虑显卡的计算能力和可用显存。增加每批数量可以提高生成效率，因为它减少了显卡启动和准备下一批图像的次数。然而，过高的每批数量可能会超出显卡的显存容量，导致生成过程失败。

⑥输出分辨率（宽度和高度）。

a.定义与作用。输出分辨率决定了图像的宽度和高度，是衡量图像中包含细节量的直接指标。高分辨率能够展现更多的细节和复杂度，但同时也要求更高的处理能力和更长的生成时间。

b.使用指南。

- 小尺寸输出（例如512像素×512像素）适合焦点集中的场景，如头像或简单的物体，因为它限制了可以展示的细节量。
- 中等尺寸输出（例如768像素×768像素）提供了更多空间来展示细节，适合单人全身像或较为简单的场景。
- 大尺寸输出（例如1024像素×1024像素或更大）允许极为复杂和详细的场景呈现，包括群体场景或丰富的背景细节。但需注意，大尺寸可能导致AI在图像中添加不必要的元素，或出现意料之外的结果。

⑦提示词相关性（CFG scale）。

a.定义与作用。CFG scale是调节AI生成图像时创造力与遵循提示词之间平衡的量表。较低的CFG值赋予AI更大的自由度来发挥创造力，而较高的CFG值则要求AI更严格地遵循输入的提示词。默认的CFG值为7，这个数值被认为是在创造力自由度和精确遵循提示词之间的最佳平衡点。

b.操作指南。

- CFG 2~6：适用于那些寻求创意和非传统结果的场景。在此范围内，AI的创造力得到的发挥空间更大，但可能会导致与提示词的偏离较大，生成的图像可能具有更多的抽象或幻想元素。
- CFG 7~10：推荐用于大多数情况。这个区间为AI和用户提示之间提供了一个均衡的桥梁，既保留了一定程度的创新性，也能较好地反映出用户的意图。
- CFG 10~15：适用于需要AI严格遵循详细且具体提示词的场合。在这个范围内，AI在生成图像时会尽可能地贴近用户的具体指示，适用于对结果有精确预期的任务。

- CFG 16~20：仅建议在非常具体和详细的提示词下使用。在此CFG值下，AI几乎完全遵循输入的提示，但可能导致图像失去一定的自然度和创造性。
- CFG >20：极少使用。这个区间会极大地限制AI的创造性，往往只在极端情况下为了获得非常精确的输出而考虑使用。

特别提示：

在使用Stable Diffusion或类似工具时，适当调整CFG值可以帮助用户更好地控制生成图像的风格和内容，实现既定的创作目标。初始时，可以从默认值开始试验，然后根据需要逐步调整CFG值，以找到最适合特定项目或创意需求的设置。应注意，过高或过低的CFG值都可能导致结果不符合预期，因此在进行大量或重要的图像生成前，建议先进行小规模的试验以确定最佳CFG值。CFG不同数值的对比图如图2-39所示。

(a) CFG 1　　　　　　　　　　　(b) CFG 7

(c) CFG 10　　　　　　　　　　　(d) CFG 20

图 2-39　CFG 不同数值的对比图

Prompt: a modern black and white living room with a black couch and a cactus, in the style of animated shapes, online sculpture, subtle lighting, irregular curvilinear forms, minimalistic Japanese, intentionally canvas, rendered in Maya, chajifeng

⑧随机种子（seed）。

与Midjourney里面的seed一样，Stable Diffusion里面的seed用于初始化AI图像生成系统中的随机噪声。这个初始噪声是生成图像过程的起点，决定了图像生成的唯一性。使用相同的随机种子和提示词，将在每次生成时复现相同的图像，这提供了一种精确控制生成结果的方法。如图2-40和图2-41所示。

图 2-40　seed 底图

Prompt: hyper realistic photo, 32K, HD, cozy corner in a modern home, rattan lounge chair, woven textures, soft beige tones, organic decor elements, serene and light atmosphere

（a）使用 seed　　　　　　　　　　（b）不使用 seed

图 2-41　是否使用 seed 对比图（prompt 同图 2-40）

（3）图生图界面基础命令介绍

图生图方法在Stable Diffusion中是利用已有的初始图像，通过修改或者变型的迭代方式，生成新的、风格相似的图像。图生图相对于文生图多出三个功能。

①重绘幅度。重绘幅度指的是图像在迭代过程中变化的程度,权重值范围从0到1。值为0意味着图像未改变,而1表示完全重绘。重绘幅度权重大小的选择直接影响生成的图像的质量和逼真程度,过低可能导致模糊,过高则可能引入噪点或瑕疵。如图2-42和图2-43所示。

图2-42 重绘幅度案例底图

Prompt: living room with large sofa and coffee table, interior design architecture, interior design photography, digital rendering, neutral flat lighting, apartment design, minimalist interior design, comfort, Alena Aenami style, elegant, paneled walls, realistic, extremely detailed, best quality, masterpiece, high resolution, photorealism, hyperrealistic

(a)权重0　　　　　　　(b)权重0.5　　　　　　　(c)权重1

图2-43 重绘幅度不同权重对比图(prompt同图2-42)

②缩放模式。缩放模式影响图像在尺寸调整时的外观和质量。
- 拉伸。保持宽高比不变,将图像宽度和高度扩展到画面空间的100%,保证充满整个画面。

- 裁剪。在维持宽高比的同时，剪去超出部分，适合在确定输出宽高比后使用。
- 填充。将图像置于目标尺寸中心，用特定颜色（如黑色）填充多余空间，适用于保持原图完整性的同时调整大小。
- 直接缩放。简单直接地将图像调整至目标尺寸，虽然速度快，但可能造成图像失真或模糊，尤其在大幅度缩放时。

在Stable Diffusion中，适当选择缩放模式对于保证生成图像的视觉效果至关重要。

③局部重绘。也称为上传蒙版法，通过在绘图软件中涂抹需要修改的区域，以指导图像的局部修复。在蒙版中，黑色代表待修复区域，白色则代表不需要修复的区域。这种方法旨在最大程度保留原图的结构和纹理，使得修复结果看起来更自然和真实。如图2-44所示。

（a）局部重绘案例底图　　　　（b）涂抹修改部位　　　　　（c）生成图片

图2-44　局部重绘

Prompt: scenery, window, lamp, pillow, indoors, bed, couch, chair, curtains, carpet, table, day, bedroom, painting, blanket, texture decoration, magnificent architecture

2.2.3　进阶：扩展工具ControlNet插件介绍

ControlNet是一种辅助式的神经网络模型结构，用于在Stable Diffusion中实现更细致的生成控制。它通过添加一个辅助模块，创建了两个副本：一个固定不变，另一个可训练。在可训练副本上应用控制条件，再将处理后的结果与原始模型输出合并，达到精确调控AI生成图像的目的。ControlNet模型大体可以分为轮廓类、景深类、对象类和重绘类，而在室内设计中常用的是轮廓类、景深类和重绘类。

（1）轮廓类

轮廓类ControlNet模型见表2-3。

表 2-3 轮廓类 ControlNet 模型

控制类型	模型名称	预处理器	模型简介
Canny（硬边缘）	control_v11p_sd15_canny	canny	硬边缘检测
MLSD（直线）	control_v11p_sd15_mlsd	mlsd	M-LSD直线线条检测
Lineart（线稿）	control_v11p_sd15_lineart	lineart_standard	标准线稿提取-白底黑线反色
		lineart_realistic	写实线稿提取
		lineart_coarse	粗略线稿提取
	control_v11p_sd15s2_lineart_anime	lineart_anime_denoise	动漫线稿提取-去噪
		lineart_anime	动漫线稿提取
Segmentation（语义分割）	diff_control_sd15_seg_fp16	seg_ofade20k	OneFormer算法-ADE20k协议
		seg_ufade20k	UniFormer算法-ADE20k协议
		seg_ofcoco	OneFormer算法-COCO协议
SoftEdge（软边缘）	control_v11p_sd15_softedge	softedge_hed	软边缘检测-HED算法
		softedge_hedsafe	软边缘检测-保守HED算法
		softedge_pidinet	软边缘检测-PiDiNet算法
		softedge_pidisafe	软边缘检测-保守PiDiNet算法
Scribble（涂鸦）	control_v11p_sd15_scribble	scribble_hed	涂鸦-合成
		scribble_pidinet	涂鸦-手绘
		scribble_xdog	涂鸦-强化边缘
颜色反转	/	invert	白底黑线反色

在室内设计的应用场景中，为了提升图像生成的效率和满足设计师或用户的具体预期，轮廓类ControlNet常选用Canny（硬边缘）、MLSD（直线）、Lineart（线稿）和Segmentation（语义分割）这四种控制类型，通过这四种控制类型，设计师可以根据不同的设计需求和风格偏好，选择最合适的控制方式来优化室内效果图的生成。

①Canny（硬边缘）。Canny控制类型（图2-45）在ControlNet工具箱中居于中心地位，被广泛认为是最关键且应用最频繁的功能之一，常用于生成线稿。

这一模型植根于图像处理界的经典边缘检测算法，专门用于捕捉图像中的线条与轮廓，并将这些关键的视觉信息有效地融入新生成的作品中。

图 2-45　Canny 预处理器及模型选择

Canny能够捕捉和提取图像中的边缘线条，保证即便在与多样化的主模型配合下，也能够精准地复原原始图像中的布局和设计细节。在ControlNet的预处理器选项中，除了专门用于硬边缘检测的Canny，还有Invert（白底黑线反色）选项。这个工具不是用于提取空间特征，而是用于将线稿的颜色进行反转，如图2-46所示。

（a）原图　　　　　　　　（b）Canny　　　　　　　（c）生成图像

图 2-46　Canny 控图效果

在室内设计中可以通过这种方法达到风格转换的目的，或者通过对线稿的提取实现线稿转效果图的快速生成，如图2-47所示。

（a）线稿图　　　　　　　　　　　　　（b）绘制图像

图 2-47　Canny 可将手绘线稿转换成模型可识别的线稿图

②MLSD（直线）。MLSD（图2-48）用于提取图像中的直线边缘。使用MLSD预处理器（M-LSD直线线条检测）时，它会筛选并保留图像中的直线元素，提取直线特征并忽略曲线的特征。这种预处理器特别适用于需要清晰几何线条定义的领域，如建筑设计、室内布局以及工程图绘制等。

图2-48　MLSD预处理器及模型选择

MLSD的参数调节包括强度阈值（value threshold）和长度阈值（distance threshold），两个阈值范围均在0~20之间。强度阈值的作用是筛选直线的明显程度，保留那些最为显著的直线，而随着阈值的提高，图中保留的直线数量会逐渐减少，如图2-49和图2-50所示。长度阈值则用于去除那些可能干扰视觉分析的过短直线，尽管它对线条总体密度的影响不如强度阈值那么显著，但在极端值设定下，也会有部分线条被筛选掉。这两个参数的合理调节可以有效地精简线条图，提供一个更加清晰、专注的线稿，为后续的图像生成奠定坚实的基础。

图2-49　MLSD直线边缘原图

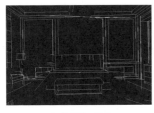 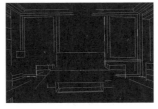 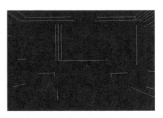

（a）Value=0.1　　　　　（b）Value=0.4　　　　　（c）Value=0.8

图 2-50　MLSD 中不同强度阈值的检测效果

③Lineart（线稿）。Lineart（图2-51）在图像边缘处理中扮演着关键角色，Lineart是用于真实感图像的线稿提取，而Lineart_anime则专注于动漫风格图像。这两种控图模型都归类于Lineart控制类型，并配有多达五种预处理器。

图 2-51　Lineart 预处理器及模型选择

Canny预处理器提取的线稿展现出与电脑生成的硬直线条相似的特性，线条粗细一致。相比之下，Lineart预处理器生成的线稿则拥有明显的手绘风格，其线条在不同边缘处呈现出自然的粗细变化，更贴近实际手绘作品的笔触效果。这种差异使得Lineart更适合那些寻求具有手绘质感和细节过渡的图像处理应用。Canny和Lineart预处理器图片特征检测效果对比如图2-52所示。

（a）原图　　　　　　　（b）Canny　　　　　　（c）Lineart_standard

图 2-52　Canny 和 Lineart 预处理器图片特征检测效果对比

④Segmentation（语义分割）。Segmentation简称Seg（图2-53），区别于其他的线稿提取控制类型，它通过检测分析图像内容，将画面划分为不同的区

域，并对每个区域进行语义标注，从而实现对图像的精准控制。

图 2-53　Seg 预处理器及模型选择

使用Seg预处理器后的图像会显示为包含不同颜色板块的视觉地图，每种颜色代表一类特定的语义信息，如红色代表地毯，绿色代表桌子，蓝色代表沙发等，使得内容的分类和识别变得直观明了，如图2-54所示。

（a）原图　　　　　　　　　　（b）Seg　　　　　　　　　　（c）生成图像

图 2-54　Seg 控图效果

用户可以根据具体需求和语义数据表，运用PS等其他工具自定义色块以精确标识图中的各个元素，从而获得更贴近期望的图像生成效果。色值语义标注见表2-4。

表 2-4　色值语义标注

编号	RGB颜色值	16进制颜色码	颜色	类别（中文）	类别（英文）
1	(120, 120, 120)	#787878		墙	wall
2	(180, 120, 120)	#B47878		建筑；大厦	building; edifice
3	(6, 230, 230)	#06E6E6		天空	sky
4	(80, 50, 50)	#503232		地板；地面	floor; flooring
5	(4, 200, 3)	#04C803		树	tree
6	(120, 120, 80)	#787850		天花板	ceiling
7	(204, 5, 255)	#CC05FF		床	bed

续表

编号	RGB颜色值	16进制颜色码	颜色	类别（中文）	类别（英文）
8	(230, 230, 230)	#E6E6E6		窗玻璃；窗户	windowpane; window
9	(4, 250, 7)	#04FA07		草	grass
10	(224, 5, 255)	#E005FF		橱柜	cabinet
11	(8, 255, 51)	#08FF33		门；双开门	door; double door
12	(255, 6, 82)	#FF0652		桌子	table
13	(204, 255, 4)	#CCFF04		植物；植被；植物界	plant; flora; plant life
14	(255, 51, 7)	#FF3307		窗帘；帘子；帷幕	curtain, drape; drapery; mantle, pall
15	(204, 70, 3)	#CC4603		椅子	chair
16	(61, 230, 250)	#3DE6FA		水	water
17	(255, 6, 51)	#FF0633		绘画；图片	painting; picture
18	(11, 102, 255)	#0B66FF		沙发；长沙发；躺椅	sofa; couch; lounge
19	(255, 7, 71)	#FF0747		书架	shelf
20	(220, 220, 220)	#DCDCDC		镜子	mirror
21	(255, 9, 92)	#FF095C		小地毯；地毯；毛毯	rug; carpet; carpeting
22	(8, 255, 214)	#08FFD6		扶手椅	armchair
23	(7, 255, 224)	#07FFE0		座位	seat
24	(10, 255, 71)	#0AFF47		书桌	desk
25	(255, 41, 10)	#FF290A		岩石；石头	rock; stone
26	(7, 255, 255)	#07FFFF		衣柜；壁橱；储藏柜	wardrobe; closet; press
27	(224, 255, 8)	#E0FF08		台灯	lamp
28	(102, 8, 255)	#6608FF		浴缸	bathtub, bathing tub, bath, tub
29	(255, 61, 6)	#FF3D06		栏杆；扶手	railing; rail
30	(255, 194, 7)	#FFC207		靠垫	cushion
31	(255, 8, 41)	#FF0829		柱子；支柱	column; pillar

续表

编号	RGB颜色值	16进制颜色码	颜色	类别（中文）	类别（英文）
32	(6, 51, 255)	#0633FF		抽屉柜；抽屉；梳妆台；梳妆柜	chest of drawers; chest; bureau; dresser
33	(235, 12, 255)	#EB0CFF		柜台	counter
34	(0, 163, 255)	#00A3FF		水槽	sink
35	(0250, 10, 15)	#FA0A0F		壁炉；炉床；明火炉	fireplace; hearth; open fireplace
36	(20, 255, 0)	#14FF00		冰箱；冰柜	refrigerator; icebox
37	(255, 31, 0)	#FF1F00		小路	path
38	(255, 224, 0)	#FFE000		楼梯；台阶	stairs; steps
39	(0, 0, 255)	#0000FF		箱子；展示柜；展示架；橱窗	case; display case; showcase; vitrine
40	(0, 235, 255)	#00EBFF		枕头	pillow
41	(0, 173, 255)	#00ADFF		纱门；纱窗	screen door; screen
42	(0, 255, 245)	#00FFF5		书架	bookcase
43	(0, 61, 255)	#003DFF		百叶窗；屏风	blind; screen
44	(0, 255, 112)	#00FF70		咖啡桌；鸡尾酒桌	coffee table; cocktail table
45	(0, 255, 133)	#00FF85		厕所；便桶；便盆；马桶	toilet, can, crapper, throne; commode; pot, potty; stool
46	(255, 0, 0)	#FF0000		花	flower
47	(255, 163, 0)	#FFA300		书	book
48	(194, 255, 0)	#C2FF00		长凳	bench
49	(0, 143, 255)	#008FFF		台面	countertop
50	(51, 255, 0)	#33FF00		炉灶；厨房炉灶；烹饪炉灶	stove, range; kitchen stove, kitchen range; cooking stove
51	(0, 255, 41)	#00FF29		厨房中间的工作台	kitchen island
52	(0, 255, 173)	#00FFAD		计算机；计算设备；数据处理器；电子计算机；信息处理系统	computer; computing machine, computing device; data processor; electronic computer; information processing system
53	(10, 0, 255)	#0A00FF		转椅	swivel chair

续表

编号	RGB颜色值	16进制颜色码	颜色	类别（中文）	类别（英文）
54	(255, 0, 102)	#FF0066		毛巾	towel
55	(255, 173, 0)	#FFAD00		灯；光源	light; light source
56	(0, 31, 255)	#001FFF		枝形吊灯；吊灯	chandelier; pendant
57	(255, 0, 204)	#FF00CC		展台；小隔间；货摊；小亭子	booth; cubicle; stall; kiosk
58	(0, 255, 194)	#00FFC2		电视接收器；电视机	television receiver; television, television set, TV, TV set, idiot box, boob tube, telly, goggle box
59	(0, 194, 255)	#00C2FF		土地；地面；土壤	land; ground; soil
60	(0, 122, 255)	#007AFF		楼梯扶手；栏杆；栏杆柱；扶手	bannister; banister, balustrade; baluster; handrail
61	(255, 153, 0)	#FF9900		脚凳；蒲团；大坐垫；厚垫	ottoman; pouf; pouffe; hassock
62	(0, 255, 10)	#00FF0A		瓶子	bottle
63	(255, 112, 0)	#FF7000		自助餐柜台；柜台；餐具柜	buffet; counter; sideboard
64	(143, 255, 0)	#8FFF00		海报；张贴；广告牌；通知；账单；卡片	poster; posting; placard; notice; bill; card
65	(184, 0, 255)	#B800FF		洗衣机；自动洗衣机	washer, washing machine; automatic washer
66	(0, 214, 255)	#00D6FF		凳子	stool
67	(255, 0, 112)	#FF0070		桶；木桶	barrel; cask
68	(70, 184, 160)	#46B8A0		袋子	bag
69	(255, 204, 0)	#FFCC00		食物；实体食品	food; solid food
70	(0, 255, 235)	#00FFEB		水箱；储水池	tank; storage tank
71	(255, 0, 235)	#FF00EB		微波炉	microwave, microwave oven
72	(245, 0, 255)	#F500FF		锅；花盆	pot; flowerpot

续表

编号	RGB颜色值	16进制颜色码	颜色	类别（中文）	类别（英文）
73	(255, 0, 122)	#FF007A		动物；有生命的生物；野兽；牲畜；生物；动物群	animal; animate being; beast; brute; creature; fauna
74	(214, 255, 0)	#D6FF00		洗碗机	dishwasher, dish washer, dishwashing machine
75	(20, 0, 255)	#1400FF		毛毯；盖子	blanket; cover
76	(255, 255, 0)	#FFFF00		雕塑	sculpture
77	(0, 153, 255)	#0099FF		抽油烟机；排气罩	hood; exhaust hood
78	(0, 41, 255)	#0029FF		壁灯台	sconce
79	(0, 255, 204)	#00FFCC		花瓶	vase
80	(41, 255, 0)	#29FF00		托盘	tray
81	(0, 245, 255)	#00F5FF		风扇	fan
82	(0, 255, 184)	#00FFB8		盘子	plate
83	(25, 194, 194)	#19C2C2		玻璃杯	glass, drinking glass
84	(102, 255, 0)	#66FF00		时钟	clock

（2）景深类

除了专注于二维平面轮廓细节的ControlNet模型，还有景深类模型，这些模型能够在生成图像时体现三维空间的深度感。景深，或称为图像中物体与镜头之间的空间距离，关键在于揭示元素间的层次关系和空间感。景深类ControlNet模型主要包括两种类型：Depth（深度）和NormalMap（法线贴图），见表2-5。

表2-5 景深类 ControlNet 模型

控制类型	模型名称	预处理器	模型简介
Depth（深度）	diff_control_sd15_depth_fp16	depth_midas	MiDaS 深度图估算
		depth_zoe	ZoE 深度图估算
		depth_leres++	LeReS 深度图估算 ++
		depth_leres	LeRes 深度图估算
NormalMap（法线贴图）	diff_control_sd15_normalbae_fp16	normal_bae	Bae 法线贴图提取
		normal_midas	Midas 法线贴图提取

①Depth（深度）。深度图，或称为距离影像，是一种能够反映场景中各点与图像采集器之间距离（深度）的图像，直观地展示了画面内物体的三维深度关系。这种图像在三维动画领域内并不陌生，其特点是仅由黑白两色构成：物体越接近摄像头，其色彩越浅（偏白）；反之，越远则越深（偏黑）。

Depth模型（图2-55）能够描绘出图像元素的前后层次，尤其会在物体的前后关系不明显时提供辅助控制，能有效还原场景的空间景深，如图2-56所示。

图 2-55 Depth 预处理器及模型选择

（a）原图　　　　　　　　（b）Depth　　　　　　　　（c）生成图像

图 2-56 Depth 控图效果

②NormalMap（法线贴图）。NormalMap（图2-57）是一种在视觉艺术中用于模拟物体表面光影效果的技术，它的基础是法线概念——一种垂直于平面的向量，包含了该平面的方向和角度信息。ControlNet的NormalMap可以根据图像中的光影信息来模拟物体的凹凸细节，从而精确地还原画面内容布局。在家具设计和室内装饰领域，法线贴图的应用可以极大地增强渲染图像的真实感和细节表现。通过使用法线贴图，设计师能够在不增加三维模型复杂度的情况下，模拟出家具表面的精细纹理和光影效果。

图 2-57　NormalMap 预处理器及模型选择

在制作法线贴图时,每个物体表面点的法线都会被绘制并储存至RGB颜色通道中,其中红色(R)、绿色(G)、蓝色(B)分别代表三维坐标系中的X、Y、Z方向。通过这种方法,我们能够利用颜色信息来精确地表达物体表面的凹凸细节,实现复杂的光影效果,而无须改变物体的实际几何结构。如图2-58所示。

(a)原图　　　　　　　　　(b)NormalMap　　　　　　　　　(c)生成图像

图 2-58　NormalMap 控图效果

(3) 重绘类

图生图中有重点介绍过图像重绘的功能,而在ControlNet中对图像的重绘控制更加精妙,可以将这类重绘模型理解成是对图生图功能的延伸和拓展。在室内设计中可以使用的控制类型是Inpaint(局部重绘)和Tile(分块)。常见的重绘类ControlNet模型见表2-6。

表 2-6　重绘类 ControlNet 模型

控制类型	模型名称	预处理器	模型简介
Inpaint (局部重绘)	control v11p sd15_inpaint	inpaint_only	仅局部重绘
		inpaint_only+lama	仅局部重绘+大型蒙版
		inpaint_Global_Harmonious	重绘-全局融合算法

续表

控制类型	模型名称	预处理器	模型简介
Tile（分块）	control_v11u_sd15_tile	tile_resample	分块-重采样
		tile_colorfix+sharp	分块-固定颜色+锐化
		tile_colorfix	分块-固定颜色
Shuffle（随机洗牌）	control_v11e_sd15_shuffle	shuffle	将图片信息打乱重新组合
InstructP2P（指导图生图）	control_v11e_sd15_ip2p	/	指导原图进行重绘

①Inpaint（局部重绘）。Inpaint（图2-59）功能代表了对图生图算法的重要改进。这种功能允许用户在使用过程中依然可以通过各种参数如重绘幅度来细致控制图像的生成和修改。重绘幅度特别影响图像的修复或再创造的细节程度，允许用户根据需求选择保留原始图像的多少特征。

图 2-59　Inpaint 预处理器及模型选择

②Tile（分块）。Tile（图2-60）的核心功能是分块绘制，这种方法是为了解决超高分辨率图像绘制中常见的硬件限制问题。将大尺寸图像切割成较小的片段，每个片段独立处理后再拼接回原图，Tile有效地提高了显卡的处理能力，即使是小内存显卡也能渲染出高清大图。

图 2-60　Tile 预处理器及模型选择

Tile被广泛用于图像细节修复和高清放大,最典型的应用就是配合Tiled Diffusion等插件实现4K、8K图像的超分辨率放大,相较于传统的放大,Tile可以结合周围内容为图像增加更多合理细节,如图2-61所示。

（a）原图　　　　　　　　　　　　（b）Tile

图 2-61　Tile 控图效果

第 3 章

AIGC 在室内设计中的妙用

3.1 细节之美与设计巧思

在室内设计的世界里，细节决定着最终作品的品质和独特性。随着AIGC技术的不断进步，Midjourney和Stable Diffusion这样的工具正变得越来越重要。它们不仅加快了设计师的工作流程，更在创造性和精确性上开启了新的可能。本章将探讨如何利用这些AI工具在室内设计中生成富有细节的效果图，从而实现设计师心中的完美空间。

3.1.1 AIGC生成设计细节

（1）设计元素

在室内设计中，设计元素是构建和表达空间美学的基础。这些元素包括线条的流畅度、形状的几何特性、纹理的丰富性和色彩的搭配，它们共同作用于空间的整体感观和功能。

例如，对于追求现代简约风格的客户，我们可以通过使用如"简洁线条、中性色调、光滑纹理"的提示词来生成符合该风格的室内设计图。而对于喜欢古典豪华风格的客户，则可以通过引入如"精致的装饰线条、丰富的色彩、华丽的纹理"等元素。这些工具的使用，不仅提升了设计的效率，更重要的是，设计师通过它们可以在满足功能需求的同时，做出更适配客户个性和喜好的设计。

当设计师想要生成有特定设计元素的效果图时，可以通过添加提示词和设置参数来实现，这有助于为客户生成更加个性化的设计方案。下面举几个例子，如图3-1～图3-4所示。

图 3-1　色彩搭配案例：法式风、珍珠白、奶咖、豆沙红

Prompt: interior design of the living room, **French style, pearl white, creamy currant and soy red colour scheme,** soft sunlight, modern French style, warmth, sophisticated, sophistication, ultra-realistic details, DSLR, 32K. --ar 4:3 --style raw --v 6.0

图 3-2　色彩搭配案例：浅米色、棕色、原木色

Prompt: interior design of the living room, modernist style, **light beige, brown and raw wood colour scheme,** medieval style furniture, harmonious colours, simplicity, high-class feel, white lighting, soft and bright light, ultra-clear details, authenticity, DSLR, 32K. --iw 1.75 --ar 4:3 --v 6.0

图 3-3 蝴蝶元素设计图

Prompt: interior design of the living room, modernist style, **ornaments and furniture with butterfly elements,** light, modern French, warmth, sophisticated, sophistication, ultra-realistic details, DSLR, 32K. --ar 4:3 --style raw --v 6.0

图 3-4 弧形元素设计图

Prompt: interior design for living room, includes sofa, round coffee table, cabinets and French windows, natural and modern style furniture, **curved design, geometric elements furniture,** warmth, super clear details, realistic rendering, 32K. --sref 参考图链接 --sw 80 --ar 4:3 --v 6.0

(2)视角

视角在室内设计中起着至关重要的作用,它不仅决定了我们如何感知空间,还影响着设计中的情感表达和功能布局。选择正确的视角可以显著提高设计的表现力,帮助客户更好地理解和感受空间。我们将探讨如何利用AIGC工具从不同的视角捕捉和展示室内设计,以便更好地传达设计意图和增强空间感。AIGC工具帮助设计师在展示他们的设计时更具策略性和创造性。无论是全局的布局展示还是局部的情感渲染,正确的视角选择都能够极大地提高设计的表现力和客户的满意度。

平视角度能够更真实地展示空间的外观,让客户感受到仿佛置身其中的感觉。这种视角对于展示家具、装饰物的布局和细节非常有用,使客户更容易想象自己在这个空间中的生活,如图3-5~图3-7所示。

图3-5 平视视角客厅1

Prompt: living room interior design, **flat view perspective,** harmonious and natural colour scheme, modernist style, a light beige corner sofa, a wooden coffee table, a rug, opposite the sofa is a wooden TV cabinet, a TV on the TV cabinet, bright and soft interior lighting, warmth, cosy, sharp, realistic detail, DSLR, high resolution rendering, modern minimalist, natural light, high definition, wide angle view. --ar 4:3 --v 6.0 --style raw

图 3-6　平视视角客厅 2

Prompt: living room interior design, **plan perspective view,** harmonious and natural colour scheme, modernist style, light beige and tan, high-quality feel to the decor, bright and soft interior lighting, warmth, comfort, flat view perspective, crisp, realistic details, DSLR camera, high resolution rendering, modern minimalist style, natural light, high definition, wide angle view. --ar 4:3 --style raw --v 6.0

俯视角度能够全面展示空间的布局，强调家具和功能区域的摆放，这对于展示空间的整体结构、流线和空间分隔非常有效，有助于客户更好地理解空间的布局。

想要生成相似图片的不同视角，需要进行一致性控制。将平视图和想要视角的相似风格图作为参考，改变提示词中描述视角的部分，其余保持不变。

以图3-8为参考图，Midjourmey的生成结果如图3-9所示。

以图3-6为参考图，生成图3-10。

以图3-7为参考图，生成图3-11。

图 3-7 平视视角卧室

Prompt: living room interior design, **plan perspective view,** harmonious and natural colour scheme, modernist style, light beige and tan, high-quality feel to the decor, bright and soft interior lighting, warmth, comfort, overhead view, ceiling view, crisp, realistic detail, DSLR, high resolution rendering, modern minimalist style, natural light, high definition. --iw 1.5 --ar 4:3 --style raw --v 6.0

图 3-8 平视视角客厅和俯视视角参考图

图 3-9　俯视视角客厅 1

Prompt: 参考图1链接 参考图2链接 living room interior design, **overhead view, vertical floor view**, harmonious and natural colour scheme, modernist style, a light beige corner sofa, a wooden coffee table, a rug, opposite the sofa there is a wooden TV cabinet, a TV on the TV cabinet, bright and soft interior lighting, warmth, cosy, sharp, realistic detail, DSLR, high resolution rendering, modern minimalist, natural light, high definition, wide angle view. --ar 4:3 --v 6.0 --style raw

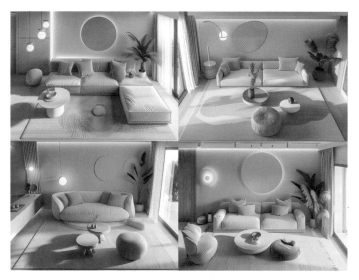

图 3-10　俯视视角客厅 2

Prompt: 参考图1链接 参考图2链接 interior design of the living room, **top view, bird's eye**

view, harmonious and natural colour scheme, modernist style, light beige and tan, high-quality feel to the decor, bright and soft interior lighting, warmth, comfort, flat view perspective, crisp, realistic details, DSLR, high resolution rendering, modern minimalist style, natural light, high definition. --sref 参考图1链接 --iw 1.5 --ar 4:3 --v 6.0

图 3-11 俯视视角卧室

Prompt: bedroom interior design, **plan perspective view,** harmonious and natural colour scheme, modernist style, light beige and tan, high-quality feel to the decor, bright and soft interior lighting, warmth, comfort, overhead view, ceiling view, crisp, realistic detail, DSLR, high resolution rendering, modern minimalist style, natural light, high definition. --ar 4:3 --style raw --v 6.0

仰视角度可以突出空间的垂直元素，如高大的天花板、独特的照明设计等，这对于强调空间的垂直感和独特设计元素很有帮助，如图3-12和图3-13所示。

展示局部细节的效果图可以更专注地呈现设计的特定方面，如特殊材质、装饰或特色家具，这对于强调设计的独特之处非常有用，如图3-14和图3-15所示。

图 3-12　仰视视角示例图 1

Prompt: interior design of the living room, **looking up, looking from bottom to top, the camera is shot from the ground up,** harmonious and natural color matching, modernism, natural style, bright and soft indoor lighting, advanced, clear details, realistic, DSLR camera, high resolution rendering, modern minimalist style, natural light, high definition, wide-angle field of view. --ar 4:3 --v 6.0

图 3-13　仰视视角示例图 2

Prompt: interior design of the living room, **ceiling design, elevation view,** ceiling, modernist style, modernist lamps, harmonious colour scheme, warmth and premium feel, soft and bright interior light, DSLR camera with lens tilt, super realistic details, 32K. --ar 4:3 --style raw --v 6.0

图 3-14 局部示例图 1

Prompt: furniture design for dining chairs, **high definition enlarged image of the chair back,** partial detail drawing, the material is clear, simple design with a modernist style, soft indoor lighting, ultra-realistic details, HD, DSLR camera. --ar 4:3 --v 6.0

图 3-15 局部示例图 2

Prompt: furniture design for dining table, **high resolution enlargement of the table top,** localized detail view, clear material, minimalist design in modernist style, soft interior lighting, super realistic detail, high definition, DSLR camera shot, 32K. --ar 4:3 --style raw --v 6.0

斜视角度可以展示空间的深度，使客户感受到不同区域之间的层次关系。这对于展示大型开放空间或有多个功能区域的空间非常有效，如图3-16所示。

图 3-16　斜视视角客厅示例图

Prompt: interior design of the living room, **oblique perspective, top view perspective, diagonal view,** open living room with an open kitchen connected to it, sets of furniture, premium design, bird's eye view shot, DSLR camera shot, 32K. --ar 16:9 --v 6.0

此外，设计师可以通过上传具有特定视角的参考图像，比如从家具目录或现有的室内设计案例中选取，来引导AI生成具有相似视角的设计效果图。例如，想要生成与图3-17相似视角的效果图，要将图导入Midjourney，再通过提示词描述，可得到视角相同但内容不同的效果图，如图3-18和图3-19所示。

图 3-17　视角参考图

图 3-18 特定视角客厅示例图

Prompt: 参考图1链接 参考图2链接 interior design of the living room, light French style, a blend of sophistication and simplicity, harmonious colour palette, bright interior light, oblique overhead view, viewing angle is the same as the reference picture, DSLR photo with lens in the corner of the ceiling, super clear details, international award-winning work, 32K. --no wrong perspective, styles other than French --ar 4:3 --v 6.0

图 3-19 特定视角卧室示例图

Prompt: 参考图1链接 参考图2链接 bedroom interior design, light French style, a blend of sophistication and simplicity, harmonious colour palette, bright interior light, oblique overhead

> view, **viewing angle is the same as the reference picture,** DSLR photo with lens in the corner of the ceiling, super clear details, international award-winning work, 32K. --no wrong perspective, styles other than French --ar 4:3 --v 6.0

在选择效果图视角时，设计师需要考虑项目的需求、客户的关注点以及要传达的信息。合理选择视角可以更好地展示设计方案，提高设计方案的理解和接受度。

视角提示词参考如下。

- 角落视角（corner view）：从房间的一个角落向外看，适合展示房间的深度和布局。
- 全景视角（panoramic view）：提供宽阔的视场，用于展示空间的广度和开放性。
- 局部视角（detail view）：专注于特定区域或设计元素，如特定家具、艺术品或装饰细节。
- 俯视视角（overhead view）：从正上方看下去，类似于鸟瞰视角，但更靠近对象，适合展示桌面布置或地面图案。
- 仰视视角（upward view）：向上看，常用于展示天花板设计或高挂的灯具。
- 对角线视角（diagonal view）：提供动态的视角，增加空间的深度和视觉兴趣。
- 直线视角（straight view）：直接从前方看向一个平面，适合展示墙面装饰或家具正面。
- 跨房间视角（across room view）：从一端的房间看向另一端，展示空间的连贯性和布局。
- 门窗视角（door/window view）：从门或窗的位置观察，提供向内或向外的视野。
- 微观视角（close-up view）：非常近距离的视角，适合突出材质、纹理和颜色细节。

（3）设计风格

每个设计师都有自己偏爱的风格，或是客户的特定需求，从现代简约到古典豪华，AIGC工具能够将这些风格视觉化。Midjourney可以通过结合风格描述的提示词来生成相应的图像，如"现代简约的客厅"或"巴洛克风格的豪华卧室"。Stable Diffusion则可以利用特定风格的LoRA模型加上ControlNet处理来强化细节。设计风格是室内设计中表达个性和审美的关键因素。每一种风格都有其独特的语言和规则，如现代风格的简洁线条、复古风格的经典装饰以及现代极简风格的无装饰主张等。这些风格不仅反映了设计师的创造力,更是对客户个性和喜好的体现。利用AIGC技术,设计师可以更加轻松地探索和实现各种风格的室内设计。

①现代极简风格(图3-20)。现代极简风格简洁、线条流畅,注重功能性和实用性。偏向于使用简单的材料,如金属、玻璃、混凝土等。色彩通常以中性色为主,偶尔加入鲜明的颜色作为点缀。室内常采用开放式空间设计,强调通透感和光线的利用。

图3-20 现代极简风格

> **Prompt:** interior design of the living room, **modern minimalist style,** open living room is connected to the open kitchen, **neutral colour palette**, premium feel design, matching furniture, **simple yet cosy**, bright interior light during the day, DSLR shot at 32K. --ar 16:9 --v 6.0

②新中式风格(图3-21)。新中式风格融合了传统中国元素和现代设计理念,展现出典雅、大气的特点。家具多采用实木材质,注重雕刻和工艺,呈现出传统的手工艺美感。色彩偏向于自然色系和古典色调,如茶色、红色、青色等,营造出古典与现代的和谐氛围。常见的装饰有中国风的花鸟画、古典家具、中国式壁纸等,展现出中国传统文化的魅力。

③北欧风格(图3-22)。北欧简约、清新,强调自然光线和自然材料的运用。大量使用木质家具,如原木桌椅、地板等。色彩偏向于浅色调,如白色、灰色、米色等,配以淡淡的蓝、绿等冷色调。室内常布置绿植,增加自然感和生机。

图 3-21 新中式风格

Prompt: new Chinese living and dining area with an open layout featuring a sofa, coffee table, floor-to-ceiling windows, **neo-Chinese wall paintings hanging on the background wall, modern light luxury decoration design including a high-end colour scheme and a warm atmosphere,** Beige walls with white ceilings, wooden furniture, marble floors, shot by Canon EOS R5 F2 ISO300, high resolution. --ar 16:9 --v 6.0

图 3-22 北欧风格

Prompt: interior design of the living room, **Scandinavian style,** simple and fresh, natural light, **natural materials,** wooden furniture, **colours lean towards lighter tones, such as white, grey,**

beige, etc., with light blue, green and other cool tones, the interior is often decorated with green plants to enhance the sense of nature and vitality. --ar 16:9 --v 6.0

④轻法式风格（图3-23）。轻法式风格是法式浪漫主义的现代演绎，它更加注重轻松和实用，同时保留了法式风格的经典元素和优雅气质。这种设计风格的颜色方案以柔和的粉色、灰色和奶油色为主，营造出温馨而浪漫的氛围。材质上，轻法式风格倾向于使用光滑的织物、精致的木材和金属装饰，这些材料不仅体现了法式的精致和优雅，也增添了现代感。在家具和软装配置上，轻法式风格选择线条优美的家具，如雕花椅和曲腿桌，以及带有复杂图案的窗帘和抱枕。

图3-23 轻法式风格

Prompt: living room interior design, **modern light French style,** simple and romantic, soft cream colour scheme, curved arches, warm and romantic atmosphere, smooth fabrics, delicate wood and metal accents, **furniture with beautiful lines, such as carved chairs and bent-leg tables, as well as curtains and pillows featuring intricate patterns.** --sw 202 --s 50 --iw 2 --ar 16:9 --v 6.0

⑤侘寂风格（图3-24）。侘寂风格追求的是一种自然、质朴和简约的美学理念。在色彩运用上，它倾向于选择自然色调，如高级灰色调、亚麻色、石青色等，这些色彩既素雅，饱和度又低。侘寂风格强调材质的原始性和真实性。

设计师们偏爱使用木头、石头、泥土等自然材质，在布局上，反对过于复杂的装饰和烦琐的细节，主张通过简约的线条和少而精的家具装饰品来营造空间的空旷感。

图3-24 侘寂风格

Prompt: living room interior design, wabi-sabi style, Japanese style, natural, rustic and minimalist, natural tones, premium linen colours, wood and stone furniture, minimalist lines and fewer, more subtle furniture accents, a sense of emptiness in the space, premium feel, DSLR shot 32K. --ar 16:9 --v 6.0

⑥工业风格（图3-25）。强调原始的工业风格，包括暴露的管道、裸露的砖墙等。使用金属、混凝土等材料，呈现出坚固感和稳重感。色彩通常以灰色、黑色、白色为主，偶尔搭配暖色调如棕色或红色作为点缀。室内常见的家具包括金属制品、工业风格灯具等。

⑦美式风格（图3-26）。美式风格强调实用性和舒适性，展现出家庭温馨、自由的氛围。家具通常采用实木材质，呈现出厚重和质朴的特点，家具造型简单大方。色彩多以暖色调为主，如棕色、米黄色、深红色等，营造出温暖舒适的感觉。常见的装饰有美式乡村风格的挂画、花卉布置、布艺沙发等，展现出家庭的温馨和活力。

图 3-25　工业风格

Prompt: interior design of the living room, **modern industrial style, exposed pipes, metallics, large windows,** premium feel, high resolution, 32K. --ar 4:3 --v 6.0

图 3-26　美式风格

Prompt: living room interior design, **American style, wooden furniture,** heavy and rustic, furniture modelling design is **simple and generous**, colours are mainly **warm, such as brown, beige and crimson**, warm and comfortable, decorated with American country style wall paintings, floral arrangements, fabric sofas, natural light during the day, DSLR camera shooting. --ar 16:9 --v 6.0

⑧轻奢风格（图3-27）。轻奢风格融合了奢华与简约，注重细节和品质的体现，展现出高贵、舒适的感觉。家具常采用高档材质，如真皮、大理石、优质木材等，设计简洁大方。色彩常采用米白色、灰色、金色等低调奢华的颜色，营造出优雅、典雅的氛围。常见的装饰有精美的艺术品、优质的装饰画、华丽的吊灯等，强调品质和质感。

图 3-27　轻奢风格

Prompt: living room interior design, **light luxury style, luxury and simplicity,** noble and comfortable feeling, furniture is made of high-grade materials, such as leather, marble, high-quality wood, etc., the design is simple and generous, the colours are **beige, grey, gold and other understated luxuries**, elegant and classy atmosphere, decorated with fine artwork and high-quality decorative paintings, natural light during the day, DSLR camera shooting. --ar 16:9 --v 6.0

⑨现代风格与田园风格融合（图3-28）。

图 3-28 现代风格与田园风格的融合

Prompt: interior design of the living room, **a blend of modernist style and rustic natural style, functional furniture,** large storage space, designs suitable for young people, harmonious colour scheme, rustic and baroque styles limited to small decorations, modern style is predominant, practical interior design, premium feel, soft and bright light, ultra-clear details, authenticity, DSLR, 32K. --ar 4:3 --style raw --v 6.0

以下是其他室内设计常用风格的提示词。

- 日式风格(Japanese style)：日式风格注重简约、自然和平静，强调对称、木质材料和自然光。
- 法式风格(French style)：法式风格以优雅、精致和浪漫而闻名，通常包括复杂的家具、精美的织物和繁复的装饰。
- 波希米亚风格(Bohemian style)：波希米亚风格充满色彩，注重混搭、手工艺品和自由的个性。
- 摩洛哥风格(Moroccan style)：摩洛哥风格充满鲜艳的颜色、独特的图案和手工艺品，营造出温馨的氛围。
- 艺术现代风格(art modern style)：艺术现代风格结合了现代和艺术装饰风格，强调简化的几何形状和创新的设计。

❒ 巴洛克风格(baroque style)：法国巴洛克风格注重豪华和精致，采用繁复的装饰、黄金和华丽的家具。

（4）风格替换

在Stable Diffusion的应用中，设计师可以通过导入室内设计的线稿图片，利用ControlNet图像处理功能来进一步细化风格元素。以下是操作流程。

将图3-29导入Stable Diffusion中，使用ControlNet功能锁定线稿，操作如图3-30所示。

图3-29 室内设计线稿

图3-30 风格替换操作流程

通过改变提示词可生成布置相同但颜色风格不同的效果图,如图3-31~图3-33所示。

图 3-31 线稿生成现代风格

Prompt: wood and white, interior design, interior photography, modern design, minimalism, lines, geometry, white walls, white roofs, wood materials, 8K, high-definition, high quality, high resolution, details, realism, masterpieces, realism, masterpieces

图 3-32 线稿生成地中海风格

Prompt: Mediterranean style interior design, white, blue, elements of the sea, shells, pebbles, nature, high-quality design, cosy living room

87

图 3-33　线稿生成新中式风格

Prompt: new Chinese living and dining area with an open layout featuring a sofa, coffee table, floor-to-ceiling windows, neo-Chinese wall paintings hanging on the background wall, modern light luxury decoration design including a high-end colour scheme and warm atmosphere, beige walls with white ceilings, wooden furniture, marble floors, shot by Canon EOS R5 F2 ISO300, high resolution, <lora:xinzhongshi XL2.0:1.000000>

除了canny以外，segmentation、softedge等处理器都可以实现风格的变换。这种方法的优势在于，它不仅节省了从草图到最终设计的时间，还为设计师提供了一个实验和探索不同设计风格的平台。通过迅速生成多个风格选项，设计师可以与客户进行有效的沟通，找到最符合其需求和品位的设计方案。此外，这也为设计师提供了一个机会，去探索那些传统方法中难以实现的创新设计风格，从而推动室内设计领域的创新和发展。

（5）风格继承

在探索和应用不同的设计风格时，可以借鉴世界知名设计师的风格和理念，设计师可以通过引入这些大师的名字作为提示词，来融入他们独特的设计特点和审美理念。这种方法不仅能够为设计师提供丰富的灵感，还能够帮助创造出具有特定艺术风格的空间。除了提示词以外，还可以将知名设计师的作品作为风格参考上传到Midjourney，使用参数"--sref"加上参考图链接，便可生成相似风格的图片。

以下是几位世界知名设计师及其设计特点的简要介绍。

①Philippe Starck。Philippe Starck（图3-34、图3-35）以其创新和前卫的设

计理念而闻名,他的作品跨越了家具、酒店、餐厅和产品设计等多个领域。他的设计风格注重实用性与审美的结合,常常通过意想不到的元素和幽默感来挑战传统设计。例如,他为巴黎的"Le Meurice"酒店设计的内部空间,展现了他将古典美学与现代设计元素融合的能力。

②Kelly Hoppen。Kelly Hoppen的设计既采用了东方干净利落的线条和中性色调(图3-36),也体现了西方温馨迷人的格调和奢华美丽,形成了其独特的"中西荟萃"标志性的设计风格,营造出优雅而充满戏剧性的完美室内空间。

③Jean-Louis Deniot。Jean-Louis Deniot以其精致的法式现代风格而知名,他的设计通常融合了古典美学与现代简约元素,注重平衡和谐与细腻的色彩搭配。他在巴黎的一套公寓设计项目中,通过使用柔和的灰色调、优雅的家具和艺术装饰品,完美展现了他的设计哲学。

④Patricia Urquiola。Patricia Urquiola以其创新和功能性的设计而著名,她的作品常展现出强烈的色彩和形式感,以及对细节的精致处理。Urquiola的设计往往富有表现力,融合了手工艺和现代技术。她为意大利家具品牌Moroso设计的沙发系列,通过其创新的形状和舒适性,展现了她的设计特色。

图3-34 Philippe Starck 风格继承

Prompt: interior design of the hotel lobby, the work of renowned designer **Philippe Starck**, modernist style, bright light, premium feel, innovative, harmonious colours and lines, ultra-clear details, realistic rendering, DSLR, 32K. --ar 4:3 --v 6.0

图 3-35 以 Philippe Starck 设计作品作为垫图的生成结果

Prompt: interior design of the hotel lobby, the work of renowned designer **Philippe Starck**, modernist style, bright light, premium feel, innovative, harmonious colours and lines, ultra-clear details, realistic rendering, DSLR, 32K. --v 6.0 --**sref** 参考图链接 --ar 31:17

图 3-36　Kelly Hoppen 风格继承

Prompt: interior design of the communal lounge area, British designer **Kelly Hoppen**'s design style, neutral style, harmonious colours, bright and soft interior light, ultra-clear details, realistically rendered, 32K. --ar 4:3 --style raw --v 6.0

除知名设计师外,还可以将其他艺术品作为灵感来源融入设计中,例如,以名画《向日葵》为灵感来源(图3-37)。

图 3-37　以名画《向日葵》为灵感来源生成的图

Prompt: interior design of the communal lounge area, inspired by the world-famous painting: Van Gogh's Sunflowers, baroque style, romantic French style, luxury, exquisite, harmonious colours, bright and soft interior light, ultra-clear details, realistically rendered, 32K. --ar 4:3 --style raw --v 6.0

3.1.2　AIGC进行材质渲染

材质在室内设计中的作用远不止于创造视觉效果和美感,它们在塑造空间氛围、影响环境感受以及家具选配上扮演着举足轻重的角色。不同的材质可以传达出不同的情感和风格,从温暖的木质、典雅的大理石到现代的金属和玻璃,每一种材质都有其独特的语言和特性。它们对光线的反射和吸收以及与其他材质的搭配,共同决定了空间的整体感觉和功能性。在家具选配上,材质的选择不仅影响着家具的舒适度和耐用性,还影响着整个空间的风格和调性。

利用AIGC技术,设计师现在能够以前所未有的速度模拟和呈现各种材质效果。这种技术的进步不仅使设计师能够快速探索不同材质组合的效果,还能够帮助客户在设计初期就清晰地理解和感受到材质对空间的影响。无论是创建一个温馨舒适的家庭环境，还是设计一个具有现代感的商业空间，正确的材质选择和表现都是至关重要的。

（1）特定材质效果图的生成

在室内设计中，材质的选择和应用是塑造特定风格和氛围的关键。利用AIGC技术，设计师可以通过精准的提示词指令快速生成具有丰富材质细节的效果图。了解和运用这些材质的提示词，可以极大地提升设计的真实感和美学价值。

设计师可以运用以"made of+材质"为结构的提示词生成预期的效果图。以下是一些室内设计中常用的材质提示词及其特点。

- 木材（wood）：木材常用于创造温馨和自然的环境。它可以是光滑的、有纹理的，或者是复古风格的磨损外观。木材适用于家具、地板和装饰品。如图3-38所示。
- 金属（metal）：金属材质给人带来具有现代感和工业感的视觉效果。它可以是有光泽的不锈钢、粗糙的铁或优雅的铜和黄铜，常用于家具、灯具和装饰细节。如图3-39所示。
- 玻璃（glass）：玻璃材质增加了空间的透明度和开放性。无论是光滑透明的，还是磨砂和彩色的，玻璃都能为空间带来现代感。
- 大理石（marble）：大理石以其奢华和经典的外观而著称。用于地面、墙面或家具表面的大理石，可以增添空间的优雅和质感。如图3-40所示。
- 瓷砖（ceramic tile）：瓷砖材质多样，从光滑的釉面瓷砖到具有纹理的石器瓷砖，适用于浴室和厨房的墙面和地面。
- 织物（fabric）：织物材质影响着家具的舒适度和视觉吸引力。从丝绸到棉麻，不同的织物可以创造出不同的感觉和风格。
- 皮革（leather）：皮革材质适用于家具，如沙发和扶手椅，提供了经典和奢华的感觉，适合各种风格的空间。
- 混凝土（concrete）：混凝土材质常用于创造工业风格和现代风格的空间，适用于墙面、地面和工业风格的家具。

结合这些提示词，设计师可以利用AIGC工具生成展示不同材质特点的高质量效果图，为客户提供更加生动和具体的设计预览。这些材质提示词不仅能够帮助AI理解和模拟所需的材质效果，还能够增加设计的细节和深度，使空间更加生动和有吸引力。

图 3-38 木制与藤编材质家具

Prompt: sideboard furniture design, **wood and rattan material,** modernist style, Japanese style, warm, premium feel, harmonious colour scheme, corresponding styles of ornaments and dishes, super clear details, realistically rendered, 32K. --ar 4:3 --style raw --v 6.0

图 3-39 金属材质家具

Prompt: furniture design for sideboards, modernist style, **metallic** furniture and ornaments, soft colours, atmospheric combinations, sophistication, elegance, a sense of sophistication, harmonious colours and lines, ultra-clear details, realistic rendering, DSLR, 32K. --ar 4:3 --style raw --v 6.0

图 3-40 大理石材质家具

Prompt: interior design of the hotel lobby, modernist style, **marble material decoration**, sophistication, elegance, a sense of sophistication, harmonious colours and lines, ultra-clear details, realistic rendering, DSLR, 32K. --ar 4:3 --style raw --v 6.0

（2）部分材质的替换

在室内设计的过程中，设计师经常面临需要调整或替换某些家具或部件材质的情况，这种替换不仅能够改变空间的风格和氛围，还能满足功能性的变化需求。借助Stable Diffusion的ControlNet插件，结合Photoshop（PS）等图像编辑工具，设计师可以精确地实现这种材质的替换，从而快速调整设计方案，以适应不同的设计需求和客户偏好，如图3-41所示。

设计师可以轻松尝试多种材质组合，激发更多创新灵感。在客户需求变更时，能够迅速调整设计方案，展现高度的专业性和适应性。细致调整材质的光泽、纹理等属性，确保设计细节符合高标准的品质要求。与传统的手工修改相比，利用AIGC技术可以大大减少材质调整所需的时间。客户能够看到针对其特定喜好和需求定制的设计方案，增强个性化体验。

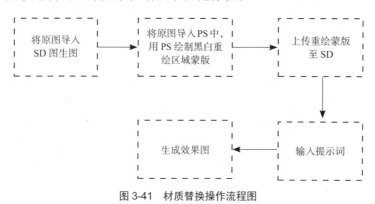

图 3-41　材质替换操作流程图

例如将编织柜门替换成玻璃材质，下面是操作示例。

①将图3-42导入PS中。

图 3-42　材质替换原图

②选择需要替换材质的区域绘制黑白蒙版，如图3-43所示。

图 3-43　材质替换蒙版

③使用Stable Diffusion的重绘蒙版功能，如图3-44所示。

图 3-44　材质替换操作界面

④输入提示词"transparent glass cabinet doors",得到如图3-45所示的结果。

图 3-45　材质替换结果

Prompt: transparent glass cabinet doors
steps: 20, sampler: Euler a, CFG scale: 7.5, seed: 3360702539, size: 800x800, model hash: 7c819b6d13, model: majicmixRealistic_v7, VAE hash: f921fb3f29, VAE: animevae.pt, denoising strength: 0.75, ENSD: 31337, mask blur: 4, version: v1.7.0

3.2　光影与照明设计的融合

3.2.1　自然光线的模拟

在室内设计中,自然光线的模拟是创造空间氛围的关键因素之一。利用AIGC技术,如Midjourney,设计师可以在虚拟环境中通过提示词来模拟和调整光影效果,从而提高效果图的生动性和真实感。以下是自然光线模拟的几个关键方面及其在AIGC工具中的应用。

（1）光影效果

光影效果对于增强效果图的真实感和立体感至关重要。它可以帮助强调空间中的关键元素，比如通过高光和阴影来突出家具的纹理，或者通过光线的分布来引导视觉焦点。

输入提示词，使用简短的短语来指导AIGC工具生成预期的光影效果。主要的光影效果（图3-46～图3-48）如下。

> - 高光（highlight）：模拟光源直接照射到物体表面的亮部，提示词如sunlit bright spots（阳光直射的亮点）。
> - 阴影（shadow）：产生深度效果和体积感，提示词如soft shadows under furniture（家具产生的柔和阴影）。
> - 反射（reflection）：表现光线在光滑表面的反射效果，提示词如reflection of light in a mirror（镜子中的光线反射）。
> - 透射（translucency）：模拟光线透过半透明材料的效果，提示词如soft light through curtains（窗帘后的柔和光线）。

图3-46　阳光直射光影模拟

Prompt: the interior design of the bedroom, the bed is the theme of the picture, **direct sunlight creates spots on the bed**, warm, advanced, harmonious colors, modernist style, surrealistic details, clear, single lens reflex camera, bright indoor lighting, 8K, realistic architectural rendering. --sref 参考图链接 --sw 64 --ar 4:3 --v 6.0

第3章 AIGC在室内设计中的妙用

图 3-47 地面光斑模拟

Prompt: living room interior design, **direct sunlight creates light spots on the carpet**, warmth, superior, harmonious colours, modernist style, surrealistic details, clarity, single lens reflex camera, bright interior lighting, 32K, realistic architectural renderings. --ar 4:3 --style raw --v 6.0

图 3-48 阳光透射模拟

Prompt: interior design of the bedroom, modernist style, warm and cosy, matching furniture, sunlight shining through the gauze curtains, soft transmitted light, DSLR shot with super sharp details, high resolution, 32K. --ar 4:3 --style raw --v 6.0

（2）环境光

控制画面中的环境光，使画面更具层次感。环境光的均匀分布有助于维持空间内的一致性和连贯性。自然环境光的模拟可提高效果图的真实性，展示室内空间在不同环境中的效果。

表3-1给出了常用的光影提示词示例。

表 3-1　光影提示词示例

提示词	释义
softly diffused natural light in the room	房间中柔和散射的自然光
soft, even light on a cloudy day	阴天的均匀光线
bright and fresh ambient light	明亮清新的环境光
scattered light through the window	透过窗户的散射光线
morning sunlight filtering through curtains	清晨阳光透过窗帘
warm-toned light at dusk	黄昏时分的暖色调光线
golden glow of sunset	夕阳的金色光芒
dappled light through leaves	透过树叶的斑驳光影

以提示词"warm color sunset"生成的效果图如图3-49所示。以提示词"morning sunlight shines through the floor-to-ceiling windows"生成的效果如图3-50所示。

图 3-49　夕阳光效生成

Prompt: interior design of the living room, the living room in the evening, a long sofa, a coffee table, a cabinet, a floor-to-ceiling window, sunset through the window, warm color sunset, soft light, not harsh, warmth, harmonious color scheme, modernist style, flat view, SLR camera, realistic rendering, ultra-sharp details, 16K. --iw 0.5 --ar 4:3 --v 6.0

采用垫图法对图3-49进行一致性控制，使用Midjourney生成相似空间的不同环境光，如图3-50所示。

图 3-50　晨光光效生成

Prompt: 参考图链接 interior design of the living room, modernist style, corner sofa, TV cabinet, floor-to-ceiling windows, morning sunlight shines through the floor-to-ceiling windows, elegant, premium feel design, ultra-sharp detail, realistic rendering, DSLR, 32K. --ar 4:3 --style raw --v 6.0

3.2.2　人造灯光的营造

人造光源在室内设计中的作用不容小觑，它们不仅能提供必要的照明，还能创造特定的氛围和情绪。从实用的吸顶灯到装饰性的壁灯，不同的光源能够赋予空间以独特的风格和氛围。照明模拟不仅关乎光线的实用性，还深刻影响空间的氛围和情感调性。例如，温暖的光线可以营造出舒适和放松的环境，而冷色调的光线则可能带来清新和现代的感觉。照明模拟还可以帮助设计师在空间中创造视觉焦点。例如，聚焦照明可以引导视线到一个艺术品或特色墙,成为空间的亮点。正确的照明设置可以突出空间的特点,改善功能区域的可见度,甚至影响空间的情绪氛围。通过AIGC技术,如Midjourney和Stable Diffusion,设计师能够在设计初期就预见和调整不同光源的效果,包括灯具的选择、色温的调整以及光源方向的调整,从而为客户创造出理想的空间感受。

(1)灯具选择

在Midjourney和Stable Diffusion中,设计师可以根据设计风格,通过描述不同类型的灯具来探索各种照明方案。例如,输入"现代风格吊灯"或"壁挂式阅读灯",可以帮助AI生成包含这些灯具的室内设计效果图。这样的模拟有助于在决策阶段就预见不同灯具在空间中的视觉效果。

示例提示词:

- modern pendant light(现代风格吊灯)
- wall-mounted reading lamp(壁挂式阅读灯)
- geometric shaped chandelier(几何形状吊灯)

图3-51~图3-53为示例。

图3-51 几何形状吊灯示例图

Prompt: interior design of the living room, modernist style furniture and **geometric shaped chandelier**, sophisticated decoration, premium feel, harmonious colour scheme, realistically rendered, 32K. --ar 4:3 --style raw --v 6.0

图 3-52 简约现代灯示例图

Prompt: interior design of the living room, modernist style furniture and **ceiling lamps**, sophisticated decoration, premium feel, harmonious colour scheme, realistically rendered, 32K. --ar 4:3 --style raw --v 6.0

图 3-53 精致水晶灯示例图

Prompt: interior design of the living room, modernist style fused with baroque, two-storey high-ceilinged living room, **exquisite crystal chandelier**, matching furniture and furnishings premium feel, super clear details, authenticity, DSLR, 32K. --no yellow --ar 4:3 --style raw --v 6.0

（2）灯具的开关控制

在室内设计中，灯具的开关控制不仅关乎实用性，还影响着氛围的创造。在AIGC工具中，设计师可通过输入特定的提示词来模拟灯具的开关状态，进而了解不同照明配置对空间的影响。

①特定光源的效果。示例提示词：

- ceiling light emitting a soft, uniform white light（吸顶灯发出柔和均匀的白光）
- bedside lamp casting a warm reading light（床头灯投射温暖的阅读光线）
- focused spotlights under the kitchen island（厨房岛台下方的聚焦射灯）
- wall light creating focused highlights on a painting（壁灯在画作上形成聚焦高光）

图3-54、图3-55为示例。

图 3-54　床头阅读灯示例图

Prompt: cosy room, **warm light from the reading lamp above the bed**, a few books on the bedside table, modernist style bedroom, high-quality feel to the decor, super clear details, DSLR camera, 32K, raw photo. --ar 4:3 --style raw --v 6.0

图 3-55 打开状态的筒灯示例图

Prompt: interior design of the living room, modernist style, sets of furniture, **row of downlights above the sofa**, bright and soft light, harmonious colour scheme, premium feel, SLR camera, realistic rendering, ultra-realistic details, 32K. --ar 4:3 --style raw --v 6.0

②灯具开关状态。通过精确控制灯具的开关状态,设计师可以更好地理解照明对空间氛围的贡献,同时确保照明设计既美观又符合实际使用需求。

示例提示词:

- open downlights and closed floor lamps(开着的筒灯和关闭的落地灯)
- floor lamp in the living room turned on, emitting a cozy light(客厅的落地灯开启,发出温馨的光线)
- chandelier in the dining room turned off, the room illuminated by natural light from outside(餐厅的枝形吊灯关闭,房间被窗外的自然光照亮)

图3-56为示例。

图 3-56 灯具的开关控制示例图

Prompt: interior design of the living room, **there is a floor lamp next to the sofa, there is an open chandelier on the ceiling, the chandelier emits white light while the floor lamp is off,** interior light during the day, exquisite decoration, premium feel, harmonious colour scheme, realistically rendered, 32K. --ar 4:3 --style raw --v 6.0

（3）色温调整

通过AIGC工具，设计师能够调整光源的色温，探索和选择最适合特定空间和设计风格的色温，从而影响空间的色调和氛围。例如，可以指定"温暖的黄色光线"以营造舒适的家居环境，或者"冷白光"来打造现代办公空间。

示例提示词：

- warm yellow lighting（温暖的黄色光线）
- cool white office lighting（冷白色办公室光线）
- cold white office lights providing clear working illumination（冷白光办公室灯具，提供清晰的工作光线）
- table lamp beside the fireplace emitting a warm yellow glow, creating a comfortable atmosphere（壁炉旁边的台灯散发温暖的黄光，营造舒适氛围）

图3-57～图3-59为示例。

图 3-57　餐厅暖色光示例图

Prompt: interior design of the living-dining room, modernist style dining table, chairs, sideboard, **warm light from the chandelier**, harmonious colour scheme, warmth, simplicity, premium feel, soft and bright light, ultra-clear details, authenticity, DSLR, 32K. --ar 4:3 --style raw --v 6.0

图 3-58　餐厅冷色光示例图

Prompt: interior design of the living room, Mediterranean interior design for the living room and dining room, **cool coloured lighting**, the lamp above the dining table **emits a cool toned light**, cosy dining room, modernist style with white wooden furniture, a dining table and several dining chairs, dining sideboard, tall cabinets, oven and other appliances, super sharp detail, realistically rendered using a DSLR camera, 32K. --no yellow lighting --ar 4:3 --style raw --v 6.0

图 3-59　办公空间冷色光示例图

Prompt: office interior design, modernist style, daylight, **cool white office fixtures provide effective working light**, smooth lines, simplicity, premium feel, ultra-crisp details that are true to life, DSLR, 32K

（4）光源方向

控制光源方向对于创造特定的光影效果至关重要。利用AIGC工具模拟光源从不同方向照射的效果，可以帮助设计师理解光源方向如何改变空间的视觉重心和氛围。如"从窗户进入的侧面光线"或"顶部直射的聚焦光线"。图3-60为左侧光源效果图，以图3-60作为垫图生成图3-61。顶部光源效果图及展厅光线效果图如图3-62和图3-63所示。

示例提示词：

- side lighting from the window（从窗户进入的侧面光线）
- top-down focused lighting（顶部直射的聚焦光线）

图 3-60　左侧光源效果图

Prompt: interior design of the living room, Scandinavian style, **light enters through the window on the left**, side light, premium feeling decoration, soft daylight, super sharp details, real, DSLR, 32K。

图 3-61　右侧光源效果图

Prompt: 参考图链接 interior design of the living room, modernist style, **light entering from the window on the right,** soft daylight, sets of furniture, warm, premium feel, super clear details, authenticity, DSLR, 32K. --sref 参考图链接 --sw 57 --no yellow --ar 4:3 --v 6.0

图 3-62　顶部光源效果图

Prompt: bedroom interior design, modernist style, **ceiling lights direct light on the bed**, showroom focused light, no other lights, complete sets of furniture, warm, upscale feel, super sharp details, authenticity, DSLR, 32K. --ar 4:3 --v 6.0

图 3-63　展厅光线效果图

Prompt: furniture designs on **display at the exhibition**, furniture design for beds, modernist style, wooden with woven fabric, matching headboard, showroom display light, focused beam of light from directly above the bed, DSLR camera shot with super sharp details, high resolution, 32K. --ar 16:9 --v 6.0

3.3 软装选配的艺术

3.3.1 家具与风格的协调选择

当设计师想要选配与参考图风格相吻合的家具时,可用图3-64所示方法操作。

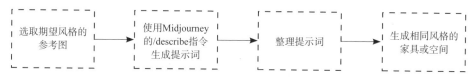

图 3-64 风格吻合家具选配流程图

在选配与预想风格相吻合的家具时,可使用Midjourney中的/describe指令,从概念图或选定风格的图片中提取风格提示词,再使用这些提示词进行相同风格家具的选择,或生成相同风格的家具。这个功能为室内设计师提供了一个快速获取灵感和初步设计概念的工具。设计师可快速理解并把握图片所展现的风格和元素,有助于设计师在短时间内形成对目标风格的清晰认知,为后续的设计工作提供方向。

此外,此方法还可以用于辅助设计师与客户之间的沟通。设计师可以将生成的描述文本与客户分享,以便更好地解释和传达自己的设计理念和意图。客户也可以通过阅读这些描述文本,更深入地理解设计师的设计思路,从而提出更有针对性的反馈和建议。

例如,想要得到与图3-65中风格相匹配的家具或装修,首先将图3-65导入Midjourney,使用/describe指令得到以下提示词。

图 3-65 新中式风格设计

1. new Chinese style living room interior design, sofa combination with coffee table and side

cabinet, carpet on the ground, wall painting, chandelier hanging from the ceiling, large floor-to-ceiling windows, light gray walls, white lighting, beige color tone, wooden furniture, traditional decorative elements such as gold foil decoration and silk screen, modern luxury feel, in the style of 8K. --ar 32:21

2. new Chinese style living room interior design, sofa combination, carpet and coffee table, warm lighting, elegant color scheme, floor-to-ceiling windows with white walls, light gray floors, decorated with decorative paintings, luxurious furnishings, soft colors, creating an atmosphere of tranquility and elegance, in the style of luxurious furnishings, soft colors, creating an atmosphere of tranquility and elegance. --ar 32:21

3. Chinese style living room, sofa combination with coffee table and side cabinet in the middle of a large area carpet, light luxury modern minimalist decoration design, walls decorated with Chinese landscape paintings, ceiling hanging chandelier lamp and wall sconce lights, indoor lighting rendering effect, ultra-high definition details in the style of landscape paintings. --ar 32:21

4. new Chinese style living room interior design, sofa and coffee table combination, carpet, chandelier hanging from the ceiling, large area wall painting, floor lamp, dining table with chairs around it, warm color tone furniture, light gray background, modern minimalist decoration style, Chinese landscape painting in the style of on canvas hanging in front of decorative frame, carpet in beige tones, natural lighting effect. --ar 32:21

整理并提取提示词，使用相似的提示词以及--sref可以保持风格一致。生成相同风格的客厅、卧室、书房、书桌及餐桌椅，如图3-66～图3-70所示。

图3-66 同风格客厅

Prompt: new Chinese living and dining area with an open layout and sofa, coffee table, floor-to-ceiling windows, **neo-Chinese wall paintings** hanging on the background wall, modern light luxury decoration design with **high-end colour scheme and warm atmosphere**, beige walls with **white ceilings, wooden furniture, marble floors**, shot by Canon EOS R5 F2 ISO300, high resolution. --sref 参考图链接 --ar 4:3 --style raw --v 6.0

图 3-67 同风格卧室

Prompt: neo-Chinese bedroom with an open layout, complete with bed, bedside table, bedside bench, carpet and wardrobe, **new Chinese mural** hanging on the background wall, modern light luxury decoration design with high-end colour scheme and warm atmosphere, **beige walls with white ceilings, wooden furniture and marble floors**, Canon EOS R5 F2 ISO300 shot, high resolution. --sref 参考图链接 --sw 94 --iw 0.5 --ar 4:3 --v 6.0

图 3-68 同风格书房

Prompt: modern light and luxurious decorative design for study, desk and bookcase, high-end colour scheme and warm atmosphere, **beige walls with white ceilings, wooden furniture and marble floors**, Canon EOS R5 F2 ISO300 shot, high resolution. --sref 参考图链接 --sw 64 --iw 0.5 --ar 4:3 --v 6.0

图 3-69　同风格书桌

Prompt: furniture designs for desks, **new Chinese style** with beige furniture, **wooden**, high-end light luxury, Canon EOS R5 F2 ISO300 shot, high resolution. --sref 参考图链接 --sw 64 --iw 0.5 --ar 4:3 --v 6.0

图 3-70　同风格餐桌椅

Prompt: furniture design for Chinese homes, furniture design for dining table and chairs, dining table and chairs set, background simple, light beige and bronze, brown, soft edges, luminous quality, light white and light brown style, eco-friendly craftsmanship, minimalist set, realistic details, wood, super clear image, architectural rendering, Fuji camera, raw photo, 32K, Canon EOS R5 F2 ISO300 shot, high resolution. --no clutter --s 50 --iw 0.5 --ar 4:3 --v 6.0

此外，可使用/blend指令将选好的家具融入已有的场景中，如图3-71所示。

图3-71 将家具融入场景

采用此方法会使原图有所变化，因此该方法适用于概念图的制作，不适用于更精确的效果图制作。

3.3.2 单品家具的生成与替换

局部重绘功能为室内设计师提供了更加精细和灵活的设计工具。传统的设计过程中，设计师可能需要对整个图像进行修改以达到满意的效果，这既耗时又可能破坏原有的设计平衡。而局部重绘功能允许设计师在不改变整体构图的情况下，快速地进行家具的重绘或生成，极大地提高了设计师的工作效率。设计师可以通过简单的操作，快速生成和替换不同风格的家具，以测试其在整体空间中的效果。这种即时的反馈机制使得设计师能够更快地迭代和优化设计方案，减少反复修改和调整的时间成本。

使用Stable Diffusion的局部重绘功能可实现某个家具的替换或生成。操作流程如图3-72所示。

图 3-72　单品家具的替换或生成操作流程

（1）家具的替换

例如，替换图3-73中的床。

图 3-73　替换案例原图

Prompt: bedroom furniture design, modernist style, simple, high-end and elegant, flat view perspective, front view, daytime interior, super clear details, realistic, high resolution, 32K. --no clutter --s 50 --iw 0.5 --ar 4:3 --v 6.0

将图3-73导入Stable Diffusion中，选择床为局部重绘的区域，输入提示词。局部重绘操作如图3-74所示。

图 3-74　局部重绘操作示意图

当选择以原图进行局部重绘时，重绘的图像会参考原图的整体色调，使画面更和谐。局部重绘原图模式结果如图3-75所示。

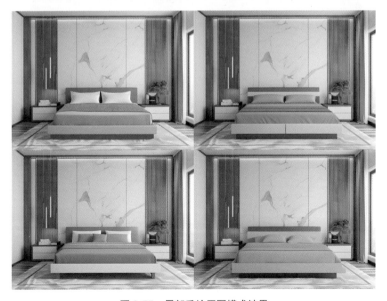

图 3-75　局部重绘原图模式结果

当选择潜空间噪声的处理方式时，生成结果的风格色调相对独立，如图 3-76所示。

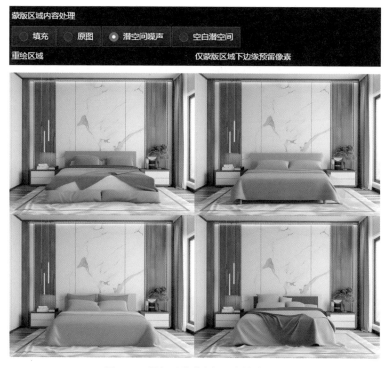

图 3-76　局部重绘潜空间噪声模式结果

（2）家具的生成

以修改图3-77中的沙发款式及背景墙为例。

图 3-77　家具生成示例原图

将图3-77导入Stable Diffusion中，绘制重绘区域，输入提示词，生成结果如图3-78所示。

图3-78 单品家具生成结果

Prompt: a minimalistic, modern living room with a large white sofa, wooden accents on the walls.

第 4 章
AIGC 室内设计案例

在数字化浪潮的推动下,室内设计领域正经历着一场前所未有的变革。AIGC技术的崛起,不仅是技术创新的一个里程碑,更是对创意和美学理念的一次深刻革新。在本章中,我们将探索这场变革的最前线,展示AIGC技术如何在室内设计中被巧妙地应用和实现,从舒适的家居环境到富有活力的商业空间,再到奢华的酒店。

这些精选案例不仅是技术实力的展示,更是设计创意的典范。在AIGC的帮助下,室内设计师不再受限于传统工具和方法。相反,他们可以让创意的翅膀展翅高飞,创造出既实用又美观的空间。从充满现代感的简约住宅到散发着传统韵味的中国风格空间,每一个案例都是对AIGC技术精妙运用的见证,给设计师们提供了更多的参考资料,同时也期望可以为设计师们提供更多的灵感或者创意。

4.1 住宅空间变形记

住宅空间设计是个人生活方式和审美的直接体现,关键在于创造一个既舒适又具有个性的居住环境。设计师通过了解居住者的需求,结合功能性和美学,实现空间的最佳利用。无论是现代简约还是传统风格,设计都旨在反映居住者的个性。智能家居技术的融入增强了便利性和舒适度,而环保材料和节能设备的使用也体现了可持续设计的重要性。总的来说,住宅设计不仅是创造实用空间的艺术,更是营造有情感寄托的家的过程。

4.1.1 家庭温馨：普通住宅室内设计实例

家庭型住宅设计致力于营造一个符合多代家庭成员需求的环境。这类住宅适合拥有儿童或多代同堂的家庭，需要考虑空间的多功能性、安全性和亲子交互，强调温馨、舒适且易于维护的空间，同时兼顾私密性和集体活动的区域划分。家庭型住宅是温馨家园的代名词，它旨在满足不同年龄段家庭成员的需求。设计上，这类住宅强调空间的灵活性和多功能性，以适应家庭成长和变化的生活方式。例如，开放式厨房和餐厅设计不仅是为了方便家庭聚餐，也是为了促进家庭成员之间的互动和沟通。儿童游戏室的设计要考虑安全和娱乐，为孩子们提供一个既能玩耍又能学习的环境。此外，智能家居系统的集成能够提高家庭的生活质量，使日常生活更为便捷和舒适。这种设计理念的核心是创造一个既实用又温暖的家庭环境，让每个家庭成员都能在其中找到属于自己的空间。

图4-1～图4-19为家庭型住宅设计的实际应用案例。

图 4-1　现代风格餐厅案例

Prompt: hyper realistic photo, 32K, HD, Irving Penn style, interior view, smart home technology, automated climate control, voice-activated systems, energy-efficient lighting, multi-room audio system, sleek modern design with comfort in mind, open layout. --ar 16:9 --s 50 --no manual switches --v 5.2

图 4-2　胡桃木卧室案例

Prompt: hyper realistic photo, 32K, HD, interior view, retirement-friendly master bedroom with plush tufted headboard, walnut wood paneling, ambient pendant lights, ergonomic bedside furniture, neutral color palette, barrier-free access, round-edged walls for safety. --ar 16:9 --s 50 --v 6.0

图 4-3　新中式风格客厅案例

Prompt: interior design, minimalist Chinese style, living room, three person sofa, light colored wooden tables and chairs, Chinese style ink painting decoration, screen, exquisite scenery, dark white, light gray, minimalist, bright light, ultra-high image quality, ultra-high details, 8K. --ar 1:1

第4章 AIGC室内设计案例

图 4-4 复古客厅案例 1

Prompt: hyper realistic photo, 32K, HD, cinematic still shot, Irving Penn style, outdoor dining area, vivid brick red furniture, crisp shadows under the bright coastal sun, natural stone flooring, tribute to new Basque style, inviting, social atmosphere. --ar 16:9 --s 50

图 4-5 复古客厅案例 2

Prompt: hyper realistic photo, 32K, HD, cinematic still shot, Irving Penn style, interior view of a luxurious living room, plush upholstered seating, classic wood detailing, contemporary art pieces, elegant geometric-patterned rug. --ar 16:9 --s 50

图 4-6 现代风格客厅案例

Prompt: the living room is decorated in a modern style, in the style of minimalist and abstract shapes, Alex Andreev, intentionally canvas, bold black outlines, sculpted forms, Alena Aenami, rounded forms. --ar 128:73 --s 200 --v 6.0

图 4-7 侘寂风格客厅案例 1

Prompt: hyper realistic photo, 32K, HD, Irving Penn style, elegant and balanced minimalistic photography for the cover of a home design magazine, showcasing wooden materials, modern luxury design inspirations, cozy, warm atmosphere, natural light with sophisticated lighting fixtures. --ar 2:3 --s 50 --v 6.0

图4-8 侘寂风格客厅案例2

Prompt: hyper realistic photo, 32K, HD, interior view, spacious and airy living area, modern furniture with wooden accents, terrazzo details, minimalist aesthetics, harmony in design, plush neutral-toned rug. --ar 16:9 --s 50 --v 6.0

图4-9 走廊案例

Prompt: hyper realistic photo, 32K, HD, interior view, modern entryway with wooden credenza, terracotta vase, cream walls, ambient track lighting, minimalist decor, slate tile flooring. --ar 16:9 --s 50 --v 6.0

图 4-10 客厅一角

Prompt: hyper realistic photo, 32K, HD, cozy corner in a modern home, rattan lounge chair, woven textures, soft beige tones, organic decor elements, serene and light atmosphere. --ar 3:4 --s 50 --v 6.0

图 4-11 开放式厨房案例

Prompt: hyper realistic photo, 32K, HD, cinematic still shot, Irving Penn style, interior view, modern kitchen with integrated appliances, marble, polished wood, matte metal fixtures, stainless steel appliances, contemporary minimalist with clean lines, natural wood grain, open shelving, warm ambient lighting with pendant lights over the island, natural daylight filtering through a window. --ar 16:9 --s 50

图 4-12 极简卧室案例

Prompt: a white bedroom with a closet and light fixtures, in the style of minimalist pen lines, VRay tracing, light black and light beige, suspended/hanging, minimalist conceptualism, minimalist brush work, simple designs. --ar 128:85 --s 200 --v 6.0

图 4-13 书房案例

Prompt: hyper realistic photo, 32K, HD, interior view, peaceful home office corner with ample natural lighting, ergonomic furniture, child and elderly accessible, wooden details, soft neutral tones, serene atmosphere. --ar 3:4 --s 50 --v 6.0

第4章 AIGC室内设计案例

图 4-14 客厅休闲区案例

Prompt: hyper realistic photo, 32K, HD, Irving Penn style, white cabinet in the wall, with a colorful striped single sofa and a coffee table with indoor balcony, minimalist leisure corner, modern art influences, sculptural furniture, ambient lighting, plush textures, clean lines, spacious feel. --ar 16:9 --s 50 --v 6.0

图 4-15 现代简约客厅案例

Prompt: minimalist living room in white and black, in the style of distorted, exaggerated figures, matte drawing, Jean Arp, 8K resolution, Sana Takeda, Will Barnet, rounded forms. --ar 128:73 --s 200 --v 6.0

图 4-16 黑白简约卧室案例

Prompt: modern minimalist bedroom design with a bed in the middle, seamless standing wardrobe on the right, minimalist dressing table on the left, monochrome abstract style, sculptural forms, playful and dark, rounded forms, graffiti style details, 8K resolution , subtle shading. --ar 128:73 --s 200 --v 6.0

图 4-17 极简厨房案例

Prompt: hyper realistic photo, 32K, HD, cinematic still shot, Irving Penn style, interior view, modern minimalist kitchen with integrated appliances, monochrome color scheme, matte finishes, subtle recessed lighting. --ar 16:9 --s 50 --v 6.0

图 4-18 现代餐厅案例

Prompt: a black dining room with modern black tables and chairs in a style made of liquid metal, realistic depiction of light, there is a hanging chandelier with a glass brick wall, subtle pastel tones, photo taken with Provia. --ar 3:4 --v 6.0

图 4-19 奶油风格洗手间案例

Prompt: modern bathroom with modern accessories, light beige and black style, flat surface, wet and dry separation design, limited shades, minimalist symmetry, industrial design, minimalist tendency, smooth surfaces, simple and elegant style. --ar 3:4 --s 400

4.1.2 城市生活：公寓型住宅的创新设计

公寓型住宅作为现代城市生活的核心亮点，特别适合单身人士及年轻夫妇的需求。此类设计致力于在有限空间内创造最大的功能性和舒适性，其设计理念深植于空间的高效利用和现代美学的和谐共生之中。在设计上，它推崇开放式布局与多功能家具的巧妙搭配，此举不仅显著提升了空间的利用率，还能使居住环境显得更加宽敞和通透。色彩搭配与照明设计的匠心独运，更是锦上添花，极大地丰富了空间的层次感与视觉效果，营造出既时尚又不失温馨的居住氛围。此外，公寓型住宅还广泛融入了智能家居技术，极大地简化了日常生活流程，提升了居住的便捷性与效率，完美契合了都市生活的快节奏特性。这样的设计，不仅是对现代生活方式的积极响应，更是为居住者打造了一个在喧嚣都市中寻觅安宁的温馨港湾。

图4-20～图4-26为公寓型住宅设计的实际应用案例。

图 4-20　现代公寓客厅案例

Prompt: modern minimalist living room design, in the style of monochromatic abstractions, sculpted forms, playful yet dark, rounded forms, graffiti-inspired details, 8K resolution, subtle shading. --ar 128:73 --s 200 --v 6.0

图 4-21　极简客厅案例

Prompt: the interior of a living room with a black leather sofa, in the style of minimalist outlines, childlike simplicity, muted whimsy, subtle lighting, Japonism influenced pieces, light white and pink, soft renderings. --ar 128:75 --v 6.0

图 4-22　一体式公寓案例

Prompt: modern bedroom setup idea with a black kitchen, in the style of realistic chiaroscuro lighting, light gray and beige, conceptual minimalism, linear simplicity, concrete art, cinematic lighting, interior scenes. --ar 128:73 --v 6.0

图 4-23 轻法式风格公寓客厅案例

Prompt: green sofas and chairs in a paris apartment, in the style of sun-soaked colours, snapshot aesthetic, sustainable design, cottagecore, rug. --ar 51:64 --v 6.0

图 4-24 轻法式风格公寓卧室案例

Prompt: hyper realistic photo, 32K, HD, bedroom in a Paris apartment, reminiscent of a bright spring morning, with light green and yellow hues, sustainable design features, soft textures, and cottagecore-inspired decor, providing a tranquil yet eccentric ambiance. --ar 51:64 --s 50 --v 6.0

图 4-25 轻法式风格走廊案例

Prompt: hyper realistic photo, 32K, HD, welcoming Parisian apartment entryway, styled with sun-soaked colors reflecting absinthe culture, sustainable design, light green and yellow accents, cottagecore elements that set the tone for a home filled with whimsical charm. --ar 51:64 --s 50 --v 6.0

图 4-26　巴黎花园风格餐厅案例

Prompt: hyper realistic photo, 32K, HD, dining space in a Paris flat, styled with sun-soaked colors and sustainable design, green furniture capturing the essence of a sunlit Parisian garden, green chairs, cottagecore charm, a vibrant rug. --ar 51:64 --s 50 --v 6.0

4.1.3　奢华体验：别墅型住宅的高端定制

别墅型住宅设计代表着对生活品质和个性化空间的追求。这类设计适合追求豪华和个性化居住体验的家庭或个人。在别墅设计中，重点在于创造宽敞、定制化的生活空间，同时集成先进的技术和高端的建筑材料。例如，别墅型住宅可能包括专门的娱乐室、私人影院或精心设计的户外休闲区，每个空间都精心设计以反映居住者的品位和生活方式。此外，别墅通常结合了智能家居系统和可持续设计元素，不仅提供了舒适便捷的居住环境，还兼顾了环保的可持续性。这类住宅设计的核心在于创造一个既展示个人品位又满足功能需求的居住空间，每个角落都充满了豪华和舒适。

图4-27～图4-36为别墅型住宅设计的实际应用案例。

图 4-27　高端别墅客厅案例

Prompt: hyper realistic photo, 32K, HD, cinematic still shot, Irving Penn style, interior view, Chengdu Shujun residence, 132 square meters, adaptive living space for a family of three and elderly care, open and dynamic layout, unique structural elements like low beams and load-bearing columns, child-friendly and elderly-friendly details. --ar 16:9 --s 50 --v 6.0

图 4-28　奶油风格高端客厅案例

Prompt: living room ideas for a stylish look, in the style of sculptural volumes, frontal perspective, soft and rounded forms, white and pink, photorealistic details, childlike innocence and charm, minimalistic design. --s 200 --v 6.0 --ar 16:9

图 4-29 雕塑风格客厅案例

Prompt: living room ideas for a stylish loft space , the style of sculptural volumes, frontal perspective, soft and rounded forms, white and pink colors, realistic details, childlike innocence and charm, minimalist design. --ar 3:4 --s 200 --v 6.0

图 4-30 曲镜风格客厅案例

Prompt: a white couch illuminated in pink by a light bulb, in the style of curved mirrors, aerial view, light gray and light beige, Nikolina Petolas, subtle details, sculptural volumes, simple and elegant style. --ar 85:128 --s 200 --v 6.0

图 4-31 工业风格大厅案例

Prompt: a modern black and white living room with a black couch and a cactus, in the style of animated shapes, online sculpture, subtle lighting, irregular curvilinear forms, minimalistic Japanese, intentionally canvas, rendered in Maya. --ar 128:73 --s 200 --v 6.0

图 4-32 侘寂风格卧室案例

Prompt: decoration design, living room and bedroom, wabi-sabi style, white and cream style background, atmospheric simplicity, soft, natural lighting, best picture quality. --ar 4:3

图 4-33 极简客厅案例

Prompt: modern minimalist living room design, in the style of monochromatic abstractions, sculpted forms, playful yet dark, rounded forms, graffiti-inspired details, 8K resolution, subtle shading. --ar 128:73 --s 200 --v 6.0

图 4-34 别墅休闲区案例

Prompt: hyper realistic photo, 32K, HD, Levon Biss style, interior view, casual family entertainment area, modular sofas, soft textiles, centralized fireplace as focal point, elegant drapery, ambient warm lighting, wall art, and plush carpeting. --ar 16:9 --s 50

图 4-35 挑高客厅案例

Prompt: hyper realistic photo, 32K, HD, interior view, cohesive modern minimalist home design, unified color scheme, integrated smart home technology, sustainable materials, minimalist aesthetic with a focus on space efficiency and storage, overall clean and sharp look. --ar 16:9 --s 50 --v 6.0

图 4-36 loft 客餐厅案例

Prompt: hyper realistic photo, 32K, HD, interior overview of a modern loft, showcasing the interconnectedness of living, working, and dining areas within a cohesive space, harmonious material palette, intelligent design maximizing openness and function. --ar 16:9 --s 50 --v 5.2

4.2 办公空间再定义

开放式办公室（open-plan office）是一种无固定隔间或封闭房间的办公空

间。这种布局旨在促进员工间的交流与合作，同时增加工作空间的灵活性。在设计开放式办公室时，要考虑空间流动性、功能区域的合理划分，并在保持开放感的同时提供必要的私密性。开放式办公室通常采用现代和极简的设计风格。设计中常见的元素包括简洁的线条、中性色调、透明或半透明的隔断（如玻璃墙）以及简约功能性的家具。此外，为增添舒适和活力，空间中经常融入生物元素（例如室内植物）和艺术作品。

4.2.1 高效现代办公环境

在开放式办公室的设计中，灵活性是一个关键因素，这包括使用可移动的家具、可调整的工作站以及多功能的共享空间。这样的设计允许空间根据组织的需求进行快速调整，例如改变工作区域的布局或重新配置会议区域。开放式办公室通常包含多个用于团队合作和交流的区域，包括一些非正式的会议区、休息区或社交区，如图4-37～图4-41所示，以鼓励员工在工作中进行互动和合作。在这些区域，舒适的座椅、丰富的颜色和一些休闲元素（例如咖啡机或小吃）通常会被纳入设计中，以创造一个轻松的氛围。尽管开放式办公室强调开放和交流，但也要考虑员工的隐私和集中工作的需要，这可以通过在空间中设置一些安静区域或隔音电话亭来实现，使用一些吸音材料和隔音解决方案也是减少噪声干扰的常见做法。

图 4-37　洽谈区案例

Prompt: ultra-realistic photo, 32K, HD, movie stills in the style of Irving Penn, office negotiation area with large floor-to-ceiling windows, modern furniture with clean lines, soft tones, bright natural light, open and welcoming atmosphere, designed for productive meetings, professional and comfortable, HD quality. --ar 16:9 --s 50 -v 6.0

第4章　AIGC室内设计案例

图 4-38　公司前台案例

Prompt: ultra-realistic, 32K, HD, Irving Penn style movie still photography, an interior view of the corporate reception area, complete with sleek and straight-lined front desk, clean-lined modern furniture, soft tones and bright natural light, open and welcoming atmosphere, professional and comfortable design, high definition image quality. --ar 16:9 --s 50 --v 6.0

图 4-39　会议区案例

Prompt: ultra-realistic photo, 32K, HD, cinematic still shot in the style of Irving Penn, interior view of a modern corporate meeting area with a curved glass meeting room, contemporary furniture with clean lines, a muted color palette, bright natural lighting, open and professional atmosphere, designed for productive meetings and collaboration, HD quality. --ar 16:9 --s 50 --v 6.0

图 4-40　公司休息区案例

Prompt: award-winning professional architectural photography, apricot and copper hues, metallic finishes, mixed materials, polished concrete floors, warm neutrals, industrial chic elements, Edison bulb lighting, modern sculptures, statement walls, sleek furniture, hyperdetailed, 8K. --ar 3:2 --s 750 --v 5.1 --style raw

图 4-41　办公室案例

Prompt: hyper realistic photo, 32K, HD, cinematic still shot, Irving Penn style, interior view of a bright office space, modern white modular workstations, green plant accents, clear lines, minimalistic design, open and airy atmosphere, natural lighting. --ar 16:9 --s 50 --v 6.0

4.2.2 灵活办公功能布局

在设计布局上利用一组细长的线条来构建空间形态，实用、舒适和历久弥新是思考办公空间设计的出发点，同时使用多种设计策略打造出温馨又充满人性化尺度的办公环境。中心位置可以自由组合的软性家具能柔和地划分空间，并在不同区域营造出多变而和谐的氛围。图4-42和图4-43为办公休息区案例。

图 4-42　办公休息区案例 1

Prompt: an office area with plants and stools, in the style of futuristic minimalism, salon kei, multilayered, spot metering, crisp detailing, light white and white. --ar 125:83 --s 750

图 4-43　办公休息区案例 2

Prompt: visualize a public lounge in a commercial setting that exemplifies sleek design, comfort, and practicality, this area features modular seating arrangements that can be reconfigured for different events and group sizes, enhancing functionality, the color palette is neutral with accents in bold, energizing colors to create a dynamic atmosphere, the lounge includes built-in wireless charging stations and discreetly integrated multimedia ports for business and leisure use, artistic lighting fixtures and large, verdant plant installations complete the sophisticated, inviting environment. --ar 16:9 --v 6.0 --s 150

4.3 商业空间的魔法转变

商业空间通常指的是面向公众的用于零售、餐饮、娱乐或其他商业活动的建筑和室内空间。与住宅或办公空间不同，商业空间更注重于吸引顾客、提升品牌形象以及创造销售机会。商业空间包括但不限于购物中心、零售店铺、餐厅、咖啡馆、影院和展览馆。设计商业空间时，要考虑的关键因素包括空间布局、顾客流线、产品展示、品牌一致性、顾客体验以及商业运营效率。设计师需要确保空间不仅功能性强、舒适且吸引人，还要具有独特性，同时也需要考虑空间的运营效率和可持续性。

在设计风格上，商业空间设计可以多样化，从现代极简到经典奢华，从精致小巧到广阔豪华，每种风格都旨在吸引特定的顾客群体，并加强品牌形象。设计师通常会根据商业品牌的定位和目标市场来选择适合的设计风格。此外，创新技术的融入，例如增强现实（AR）、虚拟现实（VR）和互动展示，也日益成为现代商业空间设计的重要组成部分。

商业空间的设计不仅要追求美观和功能，还要不断适应快速变化的市场趋势和消费者行为，从而确保在竞争激烈的市场中保持吸引力和竞争力。

4.3.1 创新零售购物布局

零售与购物空间（retail and shopping spaces）是为促进商品销售和为顾客提供购物体验而设计的场所，其布局旨在吸引顾客、促进销售并强化品牌形象。设计时应考虑产品展示的有效性、空间流动性以及舒适的购物环境。这类空间通常采用明亮、现代的设计风格，设计中常见的元素包括清晰的布局、引人注目的展示区和舒适的休息空间。此外，为增强购物体验，在空间中可以融入创新技术和艺术元素。灵活性在零售空间设计中也至关重要，以便根据季节和促销活动进行快速调整。

图4-44～图4-48为零售与购物空间设计的实际应用案例。

图 4-44　服装店橱窗案例

Prompt: a windowed store with a small arched window, in the style of neo-conceptualism, Moyoco Anno, delicate minimalism, meticulous lines, muted palette, neo-op, collecting and modes of display. --ar 3:4 --v 5.2

图 4-45　服装店案例 1

Prompt: hyper realistic photo, 32K, HD, boutique interior view, smooth curved counters, neutral color palette of beige and soft browns, warm diffused lighting, elegant display shelves, minimal decor with a focus on products, arched detailing. --ar 16:9 --s 50 --v 5.2

图 4-46　服装店案例 2

Prompt: imagine a boutique fashion shop that reflects a bright, modernist design ethos with an emphasis on high-end appeal and efficient space utilization, the shop features floor-to-ceiling glass facades that let in ample natural light, enhancing the visibility of the extensive range of clothing and accessories, inside, the layout is cleverly designed with floating shelves and hanging units that provide abundant display options without cluttering the space, the decor includes minimalist furniture and artistic lighting fixtures that create a luxurious shopping environment. --ar 16:9 --v 6.0 --s 250

第4章 AIGC室内设计案例

图 4-47 超市案例

Prompt: hyper realistic photo, 32K, HD, cinematic still shot, Irving Penn style, interior view, modern retail store interior, glossy laminated wood, glass, metallic fixtures, fabric on clothing, contemporary, commercial design with minimalist fixtures and vibrant blue color scheme, bright and evenly distributed artificial lighting. --s 50 --ar 4:3 --v 5.2

图 4-48 购物中心案例

Prompt: visualize a high-end department store in a commercial district, designed with a modernist flair and a focus on maximizing space and showcasing a diverse product range, the interior boasts an open layout with multi-level shopping areas connected by sleek, transparent escalators, natural light floods in through large, clear windows, complemented by sophisticated LED lighting systems that highlight the products' quality and variety, the fixtures are modular and adjustable, allowing for versatile merchandise displays that efficiently use every inch of space. --ar 16:9 --v 6.0 --s 250

4.3.2 餐饮娱乐设计革新

餐饮与娱乐空间（dining and entertainment spaces）包括餐厅、咖啡馆、酒吧等，这些空间旨在提供优质的用餐体验和社交场所。在设计这类空间时，重点在于创造一个既舒适又充满活力的环境，使用温馨的照明、舒适的座椅和吸引人的装饰来营造愉悦的氛围。空间布局需要考虑高效的服务流程和顾客的舒适性，同时也可能包含一些特色元素，如现场表演区或主题装饰区，以增强独特的用餐体验。

图4-49～图4-53为餐饮与娱乐空间设计的实际应用案例。

图 4-49　咖啡厅案例

Prompt: coffee shop, refined light and shadow treatment, optimized light source distribution, light scattering, cinematic, stunning, very detailed, concept art, realistic, high-quality texture representation, 8K resolution. --v 5.2 --style raw --c 20 --ar 4:3

图 4-50 餐厅案例

Prompt: imagine a high-end restaurant in a commercial setting that elegantly combines sophisticated design with functional dining experience, the restaurant features an open kitchen layout, allowing diners to observe the culinary process, enhancing the interactive dining experience, tables are spaciously arranged with plush seating to maximize comfort and privacy, the decor includes a modern aesthetic with vintage accents, such as exposed brick walls and industrial lighting, creating a warm, inviting ambiance, a central bar area serves craft cocktails and features live music setups for evening entertainment. --ar 16:9 --v 6.0 --s 250

图 4-51 面包店案例

Prompt: imagine a bakery that combines the warmth and natural beauty of a rustic wood design with sleek, modernist elements to create a luxurious yet inviting atmosphere, the space is designed with high efficiency in mind, featuring an open layout that includes floor-to-ceiling windows for abundant natural light, making the interior bright and airy, the walls are adorned with polished wood panels and contemporary artworks that enhance the sophisticated vibe, bakery shelves and display cases are made of clear glass and fine wood, arranged to maximize the visibility of a wide variety of breads and pastries, ensuring easy access and navigation for customers, cozy seating areas are strategically placed throughout the store, providing comfortable spots for customers to enjoy their purchases while admiring the stylish, high-end decor. --ar 16:9 --s 250 --v 6.0

图 4-52　咖啡休息吧案例

Prompt: visualize a chic coffee shop in a bustling commercial district that merges style, comfort, and practicality, the cafe offers a variety of seating options, including cozy couches, communal tables, and private nooks for business meetings or quiet reading, the interior design uses a palette of soft pastels complemented by natural wood and stone textures, providing a relaxed, trendy vibe, functional elements include high-speed Wi-Fi, power outlets at every seat, and custom-built coffee bars that facilitate efficient service and social interactions among patrons. --ar 16:9 --v 6.0 --s 250

图 4-53　日式餐厅案例

Prompt: contemporary Japanese grill restaurant, simplicity and minimalism, wood wool fiber board textured, restrained and neutral color and material palette, modern timber furniture, photo realistic, super detailed, diffused VRay lighting, natural lighting. --v 5.2 --style raw --c 30 --ar 7:5

4.3.3　舒适休闲空间打造

休闲与健康空间（leisure and wellness spaces），诸如健身房、水疗中心及瑜伽工作室等，致力于提供令人放松和养生的体验。在设计这类空间时，重点在于创造一个宁静而舒适的氛围，巧妙融入自然元素、柔和的照明设计以及能够保持心灵宁静的色彩搭配。空间布局需精心策划，既要确保私密性与放松感的完美融合，也要兼顾功能性与服务效率的提升。采用高品质材料与舒适的家具配置，是此类空间设计的常见亮点，旨在全方位提升顾客的舒适度与放松享受。

图4-54～图4-59为休闲与健康空间设计的实际应用案例。

图 4-54 公共休息区案例

Prompt: the lobby of a building with several plants, in the style of contemporary candy-coated, pastel academia, Mahiro Maeda, playful and whimsical designs, Mediterranean landscapes, symmetrical design, retro-style. --v 5.2 --ar 4:3

图 4-55 书店休息区案例

Prompt: imagine a rest area in a bookstore designed with a bright, modernist aesthetic and a focus on luxury and efficient space usage, the area features high ceilings and large, expansive windows that bathe the space in natural light, enhancing the reading experience, the furnishings are sleek and minimalist, with comfortable modular seating that can be reconfigured for individual readers or groups, maximizing the functionality of the space, elegant bookshelves integrate seamlessly into the walls, saving floor space while providing ample storage for a wide selection of books, the color scheme is neutral with pops of color from stylish, contemporary art pieces that adorn the walls, creating a serene and inviting environment for book lovers. --ar 16:9 --v 6.0 --s 250

图 4-56 水疗中心案例

Prompt: luxury spa center with a serene, site-specific design, combining elements of opacity and translucency for a calming effect, inspired by Arte Povera, featuring a green and bronze palette, poolcore aesthetics, soft fabric elements throughout, minimalist, restrained serenity with natural light filtering through, creating a peaceful and relaxing atmosphere, HD quality. --ar 2:1 --s 750 --v 6.0

图 4-57 水疗中心休息区案例

Prompt: salon treatment and waiting room, in the style of gravity-defying architecture, Beijing east village, light green and light gray, wavy resin sheets, poolcore, calm and meditative, silhouette lighting. --ar 2:1 --s 750

图 4-58　儿童休息区案例

Prompt: hyper realistic photo, 32K, HD, cinematic still shot, Irving Penn style, interior view, open concept communal space with radiating wooden ceiling design, panoramic windows, playful round children's tables, matching stools, colorful circular area rugs, natural wood grain walls, ceiling, transparent glass panes, smooth white furniture, vibrant fabric, contemporary, Scandinavian simplicity, minimalism, bright and airy, abundant natural light, central skylight, verdant outdoor view. --ar 16:9 --s 50 --v 5.2

图 4-59　游泳馆案例

Prompt: picture a health and leisure center within a commercial complex, balancing beauty, comfort, and utility, the center features an indoor pool with a retractable roof and temperature-controlled water, ideal for year-round use, surrounding the pool are relaxation zones with ergonomic loungers, and a cafe area serving healthy snacks and drinks, the design includes high ceilings and panoramic windows that overlook landscaped gardens, creating a tranquil, expansive atmosphere, fitness equipment is state-of-the-art, arranged to maximize space and provide optimal workout conditions. --ar 16:9 --v 6.0 --s 250

4.4 酒店空间的奢华重塑

酒店（hotel）通常指的是提供短期住宿服务的商业建筑，它为客人提供住宿、餐饮、娱乐和商务设施。与民宿、青年旅社等其他商业住宿相比，酒店通常提供更全面的服务和更高的舒适度，包括客房清洁、客房服务、餐饮服务以及健身中心、游泳池等设施。

设计酒店时，需要考虑的关键因素包括客房布局、公共区域设计、服务流程、客户体验以及品牌定位。设计师需要确保酒店的功能性、舒适性和美观性，同时还要考虑酒店的运营效率和可持续性。

在设计风格上，酒店设计可以非常多样，从现代极简到奢华古典，从工业风到自然主义，每种风格都能吸引不同的客户群体。设计师通常会根据酒店的品牌定位和目标市场来选择合适的设计风格。

4.4.1 度假酒店方案设计

度假酒店（resort hotels）专为提供轻松愉悦的度假体验而设计。这类酒店常选址于风景如画的地区，如海滩、山峦或其他自然环境中。设计重点在于营造一个既能放松身心又充满愉悦氛围的空间，强调自然景观的整合和户外活动的丰富多样。客房设计注重私密性和舒适性，大多数客房提供美丽的景观视野。酒店还配备了如水疗中心、游泳池和儿童娱乐区等休闲设施，为客人提供全方位的休闲体验。

图4-60～图4-67为度假酒店设计的实际应用案例。

图 4-60　度假酒店大堂案例

Prompt: resort hotel lounge, warm wood finish, soft light, neutral gray tonality, adding characters, cinematic quality picture, 2-point perspective, HD, Aman Tokyo, 16K. --ar 16:9 --s 750 --v 5.1 --style raw

图 4-61　酒店娱乐室案例

Prompt: hyper realistic photo, 32K, HD, cinematic still shot, Irving Penn style, interior view, luxurious game room, billiards table, lavish seating, ornate ceiling design, designer lighting, mirrored walls, polished wood, leather upholstery, intricate textures, vintage-modern leisure, exclusive club atmosphere. --ar 16:9 --s 50

图 4-62 度假酒店浴室案例 1

Prompt: hyper realistic photo, 32K, HD, cinematic still shot, Levon Biss style, super detail, lavish bathroom, spacious vanity, freestanding bathtub, artistic lighting, wooden cabinets, elegant basins, dark marble, polished wood, brushed metal, patterned glass, modern-traditional luxury, cozy lighting ambience. --ar 2:3

图 4-63　度假酒店浴室案例 2

Prompt: hyper realistic photo, 32K, HD, cinematic still shot, Levon Biss style, super detail, lavish bathroom, spacious vanity, freestanding bathtub, artistic lighting, wooden cabinets, elegant basins, dark marble, polished wood, brushed metal, patterned glass, modern-traditional luxury, cozy lighting ambience. --ar 2:3

第4章　AIGC室内设计案例

图 4-64　酒店外廊案例

Prompt: hyper realistic photo, 32K, HD, the exterior facade drawing inspiration from retro cubism with columns in red textured paint, an eclectic mix of greenery framing the entrance, creating an inviting and energetic brand presence. --ar 16:9 --s 50 --v 6.0

图 4-65　度假酒店露台案例

Prompt: hyper realistic photo, 32K, HD, cinematic still shot, Irving Penn style, outdoor dining area, vivid brick red furniture, crisp shadows under the bright coastal sun, natural stone flooring, tribute to new Basque style, inviting, social atmosphere. --ar 16:9 --s 50

图 4-66 酒店户外餐厅案例

Prompt: a set of tables in an outdoor courtyard, in the style of dark red and light beige, aerial abstractions, Sigma 105mm f/1.4 dg hsm art, Mediterranean-inspired, poolcore, matte photo, architectural transformations. --ar 3:4 --s 750

图 4-67　度假酒店浴池案例

Prompt: a grey bathroom and chairs with plants and water surrounding, in the style of James Turrell, wavy resin sheets, Zeng Chuangxing, light emerald and light azure, synthetism-inspired, salon kei, neo-concrete. --ar 2:1 --s 750

4.4.2　商务酒店方案设计

商务酒店（business hotels）主要服务于商务旅行者，强调高效便捷的服务和设施。设计上强调高效的工作环境，包括设备齐全的商务中心和会议室。客房设计注重工作和休息的平衡，配备高效的办公设施和舒适的休息区。酒店还提供快速入住/退房服务和24小时客房服务，确保商务客人的需求得到满足。

图4-68~图4-73为商务酒店设计的实际应用案例。

图 4-68　高端商务酒店前台案例

Prompt: hyper realistic photo, 32K, HD, a reception area that radiates luxury and refinement, with intricate lattice work, soft backlit panels, a welcoming seating area, balanced by the pristine shine of marble floors and an inviting neutral color scheme. --ar 4:3 --s 50 --v 6.0

图 4-69　商务酒店大堂案例 1

Prompt: hyper realistic photo, 32K, HD, an opulent lobby area with golden ambient lighting, featuring a grand marble backdrop with an artistic circular motif, plush rounded armchairs, elegant metal details, a sophisticated, cosmopolitan atmosphere with a celestial theme. --ar 4:3 --s 50 --v 6.0

图 4-70　酒店休息区案例

Prompt: hyper realistic photo, 32K, HD, a reception area that radiates luxury and refinement, with intricate lattice work, soft backlit panels, a welcoming seating area, balanced by the pristine shine of marble floors and an inviting neutral color scheme. --ar 4:3 --s 50

图 4-71　商务酒店大堂案例 2

Prompt: hyper realistic photo, 32K, HD, an opulent lobby area with golden ambient lighting, featuring a grand marble backdrop with an artistic circular motif, plush rounded armchairs, and elegant metal details, a sophisticated, cosmopolitan atmosphere with a celestial theme. --s 50 --v 6.0 --ar 4:3

图 4-72　商务酒店大堂案例 3

Prompt: hyper realistic photo, 32K, HD, cinematic still shot, Irving Penn style, interior view, majestic hotel lobby, towering ceilings, cascading chandelier, elegant seating arrangements, large windows, nature view, polished marble floors, rich wooden panels, textured stone walls, modern luxury, classic grandeur, minimalist furniture, opulent details, soft ambient lighting, nature-luxury blend, grand architecture tranquility. --ar 16:9 --s 50 --v 6.0

图 4-73 酒店卧室案例

Prompt: hyper realistic photo, 32K, HD, a sumptuous bedroom suite combining raw textures with sleek modern lines, a king-sized bed with high-quality linens, ambient lighting that highlights the textured walls and golden accents, a warm and inviting palette with a hint of luxury. --ar 4:3 --s 50 --v 6.0

4.5 本章小结

在本章中，我们细致探讨了室内设计在各种空间中的多样应用，涵盖了住宅、办公、商业和酒店等关键领域，每个空间类型都展现了其独特的设计需求。通过实际案例展示了如何在保持功能性的同时，融入美学和创造性。住宅空间设计致力于营造温馨舒适的居住环境，办公空间设计注重提升工作效率和员工幸福感，商业空间设计旨在吸引顾客和提升品牌形象，而酒店空间设计则聚焦于提供卓越的住宿体验和服务质量。这些空间的设计不仅反映了现代生活的多样性，也体现了设计师在创意与实用性之间寻求平衡的能力。通过对这些空间的深入分析，展示了室内设计如何超越单纯的美观，成为提升日常生活质量和效率的关键因素。本章的内容旨在启发读者深入理解室内设计的复杂性与魅力，激发对创新和实用设计解决方案的探索。

第 5 章
AIGC 室内漫游视频制作

　　室内设计是一门结合了艺术和技术的学科，它需要考虑空间的功能、美感、舒适度等多方面的因素。室内设计的展示方式也有多种，例如平面图、效果图、模型图等。但是，这些展示方式都有一定的局限性，不能完全呈现出空间的立体感和动态感。为了让客户更直观地感受到空间的氛围和细节，室内设计师通常需要通过建模及赋予模型材质、光源，从而让客户仿佛身临其境。

　　随着AIGC技术的崛起，AIGC就如同一股清流悄然涌入影视行业，给影视产品的制作和宣传增添了新的动力。同时，AIGC技术在室内设计中的应用，不仅提供了更加多样的创作工具和展示方式，而且极大地提高了设计的效率和准确性。可以预见，未来的室内设计漫游视频制作将更加高效且充满创新。AIGC技术为创作者提供了前所未有的工具和可能性，打开了艺术创作的新篇章。

　　动态漫游视频是一种通过镜头的移动和切换，展示空间的不同角度和场景的视频。它可以让客户更清晰地看到空间的布局、结构、材质、色彩、灯光等元素，也可以让客户更有代入感地体验空间的气氛和情感。动态漫游视频是一种非常高效且有说服力的室内设计展示方式，但是它的制作过程也非常复杂和耗时。室内设计师需要掌握一定的视频制作技能，也需要花费大量的时间和精力来调整镜头、配音、剪辑等细节。探索AIGC技术在室内设计这一领域的应用，关注它在动态漫游视频制作中的作用，对提高室内漫游视频制作效率、丰富视觉效果和提升整体质量方面有重大影响。动态漫游视频作为一种新兴的展示技术，在室内设计领域已经显示出其独特和重要的价值。

5.1 AIGC 漫游视频制作流程和工具

5.1.1 思路梳理：动态漫游视频制作步骤解析

动态漫游视频利用先进的三维建模技术，将传统的静态室内设计效果图转化为生动、互动性强的动态展示。这种转化使得客户能够在一个几乎与真实无异的虚拟环境中自由漫游，更加深入和全面地体验设计师的创意。通过这种方式，客户不仅可以观察设计的每一个角落，还能感受到设计师想要传达的情感和氛围。这种技术的引入，不仅为室内设计带来了更好的沉浸感和体验感，而且极大地提高了客户对设计理念的理解和评估能力。运用AIGC技术通过自动化的三维模型生成和高级视觉效果渲染，大幅度提高了动态漫游视频的制作效率和质量。设计师可以快速地将静态和平面的设计概念转化为详细的三维场景，同时在视频中实现复杂的光影效果和材质展示，这极大地丰富了最终视频的表现力。

虚拟现实技术或者交互式应用程序，实质上是将客户带入一个虚拟的室内环境，并让他们自由地探索和互动。通过动态漫游视频，设计师可以更好地展现他们的设计理念和创意，为客户提供身临其境的体验，客户可以更直观地感受到设计作品的空间感和氛围，从而更好地理解设计理念和效果。运用AIGC技术可以帮助设计师更快速地制作高质量的动态漫游视频，提升设计作品的展示效果。通过动态漫游视频可以展示家具设计的全貌和细节，增加设计的真实感和立体感。也可以根据观众的喜好和需求，调整视频的播放方式，增加设计的互动性和个性化，并且适应不同的展示场合和目的，如展览、教学、销售等，增加设计的多样性和适应性。以往，制作室内漫游视频是一项烦琐的任务，受限于计算机硬件技术的发展水平，其制作过程往往比室内设计方案本身更为耗时，这导致室内设计师们普遍对此不够重视。然而，随着AIGC技术的兴起以及相关硬件设备的显著提升，如今制作室内漫游视频已变得更为便捷且质量更佳。这一转变使得室内漫游视频在方案展示、客户沟通以及市场推广等方面均扮演着重要的角色。完成室内漫游视频的制作大体上可以遵循以下步骤。

第一步：创意构思与准备

设计主题：从概念出发，明确室内设计的核心主题，是否具有现代、复古或者特定文化元素；考虑设计的用途，是为家庭住宅、商业空间还是特定活动而设计；根据目标空间的功能，选择相应的风格和元素。

灵感收集：利用在线资源如Pinterest、Instagram等，搜集与设计主题相关的图片、视频、文章等；创建一个灵感板，汇集所有有创意的元素，包括颜色方案、家具样式、装饰品等；考虑如何将这些元素融入设计中。

第二步：使用 AIGC 工具设计空间

选择AIGC工具：了解并选择适合室内设计的AIGC工具，如DreamFields、Magic3D等，这些工具可以基于输入（如文字描述、图片或草图）自动生成逼真的3D效果图；研究不同工具的功能和特点，选择最适合的。

创建3D效果图：将设计理念输入AIGC工具，详细描述想要的空间布局、家具类型、材料质感和光照效果，AIGC工具会根据这些信息生成高质量的3D效果图，可以在此基础上进行进一步的调整和完善。

第三步：动态漫游视频的制作

视频参数设置：在AIGC工具中设定动态漫游视频的关键参数；决定摄像机的路径、运动速度和视角；选择合适的背景音乐和音效，以增强视频的情感和沉浸感。

生成动态视频：利用AIGC技术，将3D效果图转换为动态的漫游视频，确保视频中的漫游路径能够展示出设计的重点和细节；在视频中实现平滑的视角转换和流畅的运动效果，以提供最佳的观看体验。

第四步：视频编辑与优化

内容调整：对生成的视频进行细致审查，注意检查视觉流畅性、视角选择和重点展示；如有需要，可进行视频剪辑，以突出设计的亮点和关键元素。

完善视频效果：利用视频编辑软件，对视频进行后期处理；调整色彩平衡和对比度，增强视觉效果；根据需要添加文字说明、图形标签等，以进一步增强信息传递和视觉效果。

这个流程凸显了AIGC技术在室内设计中的应用，特别是在动态漫游视频制作上的巨大潜力。通过这种技术，设计师可以更快速、更准确地将设计理念转化为栩栩如生的室内场景，呈现出前所未有的创意与实验。此外，这种方法提供更好的沉浸感和互动体验，使客户能够更直观地感受到设计作品的空间感和氛围。

通过以上步骤制作出的室内动态漫游视频，可以更好地展现室内空间的氛围效果，从而使客户能够更加全面地理解设计方案，同时也为室内设计师提供了更大的创作自由和设计效率，增强了设计方案的灵活性和多样性。当然，仅仅明确制作流程还不够，在实践中还需要进一步掌握AIGC工具的使用技巧。

5.1.2 场景再现：Midjourney与Stable Diffusion的应用技巧

（1）Midjourney

Midjourney作为一款创新的AIGC工具，特别适合那些刚开始踏入室内设计领域或对复杂软件操作有所畏惧的初学者。这个工具以其用户友好的界面和直观的操作著称，新用户可以迅速掌握其基本功能并开始他们的创作之旅。这种易用性大幅降低了AI工具的学习门槛，使设计师能够将更多的精力集中在激发创意和细化设计上，而非纠结于复杂的软件操作。在生成逼真效果图方面，Midjourney表现出色。它能够根据设计师的简要描述快速生成高质量且逼真度极高的室内设计效果图，这些图像在细节处理、光影效果和材质表现上均达到专业水平，给人以身临其境的真实感受。

Midjourney可以生成一张类似于图5-1所示的效果图。

图 5-1 Midjourney 生成案例效果图

Prompt: hyper realistic photo, 32K, HD, cinematic still shot, interior view, modern style living room, white sofa, black coffee table, TV on the wall, gray walls, wooden floor, green plants outside the window, fabric of sofa, metal or wood of coffee table, painted walls, natural light, urban life meets nature, simplicity and fashion. --ar 16:9 --s 50

Midjourney的Zoom Out功能和单向Outpainting功能使其在视频制作方面具有独特优势。虽然市场上类似的外绘功能如Stable Diffusion、Firefly、Photoshop、DALL-E3和ClipDrop均提供相似服务，但这些功能分散在不同的程序中，使得制作插帧动画的过程较为烦琐。Midjourney的v5.2版本弥补了这一空白，现在用户可以直接在Midjourney中完成所有关键帧的制作。Zoom Out功能可以用来实现场景的放大缩小以及图像的上下左右平移，并填充画面的所有细节，实现相机的拉近和拉远效果，还有左右视角变换的效果。通过更改提示词，可以生成具有一定故事逻辑的画面效果，每当画面需要转换时，可以通过更换提示词来继续缩小视角。结合其他视频软件工具，可以完成整个视频的创作过程。

在放大图像的下方，会看到箭头按钮（图2-12），单击箭头，将沿该方向扩展图像。建议先键入"/settings"并单击"Remix"，这样将可以在扩展图像时更改提示词，平移图像时，即使分辨率会变得非常大，也会不断扩展图像。这意味着可以多次连续平移，实现水平叙事。扩展底图为图5-2，图5-3为其向右扩展图。

图 5-2　扩展底图

Prompt: hyper realistic photo, 32K, HD, cinematic still shot, Irving Penn style, interior view, modern living room, vintage elements, warm golden lighting, lush greenery, natural wood textures. --s 50 --ar 4:3 --v 5.2

此外，Midjourney的内部重绘功能Inpainting为视频创作开启了全新的可能性。作为目前领先的AI图像生成平台，Midjourney能够对已生成的图像进行精细的局部调整。这一功能为艺术创作者带来了极大便利，使他们在保持图像核心元素不变的同时，通过添加或变更文本描述来改变特定区域的风格、色彩或构图。这种独特的功能让Midjourney不仅是简单的图像生成工具，更是一个强大的创意和艺术表达平台。无论在设计展示、叙事创作还是艺术创造领域，Midjourney都为创作者提供了无限的创作空间。例如，在一幅森林风景画的基础上，我们可以在树木周围添加"surrounded by glowing neon lights"的描述，使森林中出现梦幻的光影变化。

图 5-3　向右扩展图

通过添加描述"the living room walls transition into a lush vertical garden"，客厅的墙面便可以幻化成生机勃勃的垂直花园。图5-4是以图5-2为底图产生的重绘图。

图 5-4　重绘图

利用这一功能,创作者可以轻松创作出场景混搭的超现实风格艺术作品。同一系列中的不同作品可通过局部调整实现风格、色彩上的一致性,带来强烈的视觉影响。这种创作手法打破了时空限制,为想象力开辟了新的可能。除静态创作外,创作者还可以输出不同重绘版本的渐变视频。只需要在文本生成图像的基础上,使用插帧计算自动生成连续渐变的视频。渐变视频呈现了空间、样式的融合变幻过程,带来梦境般的超现实体验。

(2) Stable Diffusion

Stable Diffusion作为一款灵活度更高和精细化控制更强的AIGC工具,为室内设计师开辟了深入控制和创新实验的新领域。与Midjourney相比,Stable Diffusion确实拥有更为陡峻的学习曲线,这要求设计师投入大量时间去深入理解并掌握图像生成的过程。这包括对模型的深入研究、训练以及反复调试,以确保生成的效果图符合高质量的专业标准。尽管这个过程可能较为复杂,但它为那些渴望深度挖掘AI技术可能性的设计师提供了广阔的创作空间。如图5-5所示。

图 5-5 Stable Diffusion 生成图

下面列出一些正向提示词和反向提示词供读者参考。

- 正向提示词:living room, new Chinese style, couch, window, chair, table, couch, indoors, wooden floor
- 反向提示词:text, username, logo, low quality, worst quality:1.4, bad anatomy, inaccurate limb:1.2, bad composition, inaccurate eyes, extra digit, fewer digits, extra arms:1.2

Stable Diffusion的核心优势在于其卓越的可控性和精细度，它使设计师可以对每一个细节进行精确调整，实现个性化且专业化的设计效果，这使得Stable Diffusion成为追求定制化和创新设计的室内设计师的理想工具。Stable Diffusion更适合那些愿意深入学习AI技术并进行自主探索的设计师。它不仅适用于传统的室内设计，还能够助力设计师探索未来主义或其他实验性风格，打破常规设计的框架。借助Stable Diffusion，室内设计师能够对设计的每个细节进行深入定制，创造出不仅满足实用性需求，同时也展现独特美学价值的室内环境。虽然这款工具对技术能力和时间投入有一定要求，但其在室内设计领域的潜力是无限的，为设计未来的趋势和可能性提供了新的视角。

其中的一个技术就是利用Stable Diffusion的Inpainting模型，生成无限放大效果的视频。实现过程是使用文本生成图像技术生成一张初始图，随后在这张起始图的外围使用Outpainting技术绘制关键帧，最后在每个关键帧之间使用放大接合，播放时再从最后一张关键帧开始倒序播放，最终形成连续放大的视频，这与Midjourney制作视频的原理基本类似。

5.1.3 动态生成：Runway Gen-2与Pika的使用技巧

（1）Runway Gen-2

Runway的起始界面如图5-6所示，这是由一家位于旧金山的AI创业公司开发的软件，目前已经在视频编辑领域引领了一场技术革命。2023年初，Runway推出的Gen-2模型代表了AI视频领域的前沿技术。这个创新的模型能够通过文字描述或图片生成大约4秒的视频片段，将专业视频编辑的AI体验推向了新的高度。同时，Runway也在扩展其在图片AI领域的能力，为用户提供一个多功能的创作平台。

Runway支持网页和iOS设备访问，网页端提供了125积分的免费试用额度，大约可以生成105秒的视频内容。这种易于使用的接口使得视频创作变得更加便捷和普及。Gen-2的升级不仅提升了视频编辑的效率和创造性，还预示着未来视频和电影行业的巨大变革。虽然当前生成的视频还不够逼真，但人工智能的快速发展正不断突破这一限制，预计不久的将来，高质量、逼真的视频将成为现实，使得任何人都能在任何预算下获得创造性的视觉体验。

Runway的这一进步，对于室内设计师和视频制作者来说尤为重要。它不仅为设计师提供了一种新的、更具创造性的工具来展示设计理念，还为影视创作开辟了新的可能。借助Gen-2模型，设计师能够快速生成展示其设计概念的视频,从而提升展示效果,吸引客户。这一技术的发展,为室内设计和视频制作领域带来了新的灵感和机遇。

图5-6 Runway起始界面图

Gen-2的主要功能有文生视频(Text to Video)、prompt+图像生成视频(Text/Image to Video),也支持无prompt直接图片转视频(Image to Video),更推荐使用Image to Video。如图5-7所示,想要使用Gen-2模型,单击上部的"Start with Image"或"Start with Text"即可。

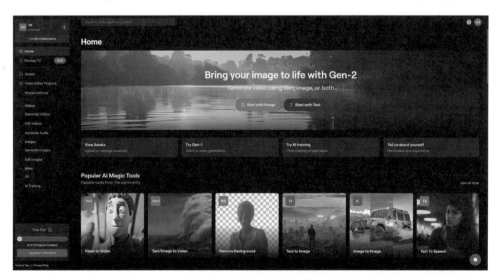

图5-7 Runway操作界面图

目前Runway拥有30多个AI应用工具,包括视频海报图换背景、自动跟踪物体、智能字幕、智能音频节拍检测、消除噪声、在线协作编辑、文生图像、文生视频、图生视频等，如图5-8所示。

图 5-8　Runway 的多种 AI 应用工具

视频模块一共有3个细分功能，分别是视频生成、编辑视频、编辑音频和字幕，接下来将逐一讲解每个功能。如图5-9所示，单击左侧导航栏"Generate Videos"，跳转画面后，有3个选项：Gen1、Gen2、FI。

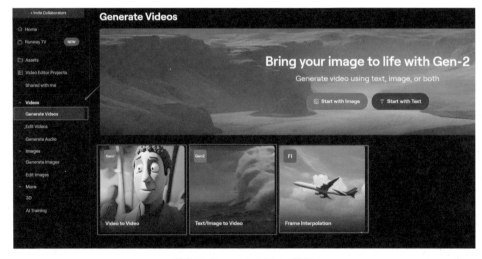

图 5-9　Generate Videos 界面

①Gen1。通过文本提示或图像参考对原视频进行风格化编辑，也可以理解为视频编辑器。目前可以通过三种模式生成新的视频：视频+图片、视频+样式、视频+文字。具体操作如下：单击"Gen1"，进入编辑界面（图5-10），然后上传视频。

178

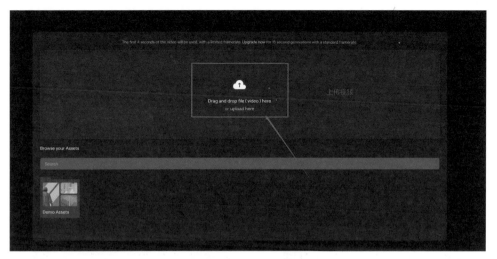

图 5-10　Gen1 编辑界面

a. 视频+图片。如图5-11所示，单击"Image"，选择"Demo Images"上传图片，可以选择系统中已有的图片，图片尽量选择风格鲜明突出的，这样生成的视频效果才能对比强烈。设置风格强度，数值越大，生成的视频效果越接近图片风格，反之数值越小，视频效果就越接近原视频风格，一般建议设置为10%～20%。最后可以单击"Preview styles"进行预览，单击"Generate video"即可生成视频。

图 5-11　Gen1 参数调节

b. 视频+样式。单击"Presets"（图5-12），这里会有网站预设的样式，包括素描、折纸、钢笔、水彩、黏土、金属等24种样式，可以任意选择一种风格叠加到原视频上。同样也需要设置风格数值，预览无误后便可生成视频。

c. 视频+文字。如图5-13所示，在对话框中输入提示词，即可将已有视频合成新的视频。

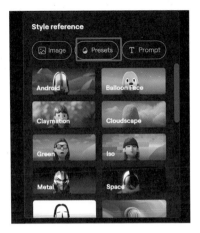

图5-12　Presets 界面图

图5-13　输入提示词

对于以上三种模式，也能进行高级参数设置。如图5-14所示，单击"Advanced"，会增加多个参数配置选项。

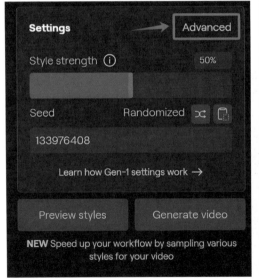

图5-14　Advanced 参数配置

针对参数的设置建议如下。

- Style:Structural consistency：较高的值将使输出的视频与原始视频结构有较大的不同，建议设置为0～5。

- Style:Weight：较高的值将使输出的视频风格更接近于选定的图片样式，建议设置为7.5～12.5。
- Frame consistency：低于1的值会降低跨各个帧之间的一致性，大于1的值会增加与先前的相关程度，推荐值为1.0～1.25。
- Upscale：将显著提升视频结果，同时略微增加运行时间，需要升级到付费用户。
- Remove watermark：去除水印，需要升级到付费用户。
- Affect foreground only：样式只会影响前景主体而不会影响背景。
- Affect background only：样式只会影响背景而不会影响前景主体。
- Compare wipe：生成原视频和新视频的对比过渡效果，建议关闭。

目前单个视频只能生成4秒，可以通过Seed值来保持视频风格一致，然后生成多个4秒视频，最后用剪辑工具进行拼合处理成完整的长视频。

②Gen2。单击"Gen2"，进入编辑界面（图5-15），接着上传视频。

图 5-15　Gen2 编辑界面

a. 文本生成视频。进入编辑界面后，单击"TEXT"，在对话框中输入想要生成的图像提示词，在对话框的下方有5个视频功能设置，如图5-16所示，可以逐一单击调整设置。

基础参数设置（图5-17）：这里有3个选项，一般建议默认选择"Interpolate"，因为其他两个选项是需要升级到付费用户后才能享受的去水印和提高分辨率的功能。

图 5-16　Gen2 TEXT 界面

图 5-17　Gen2 基础参数设置

General Motion（图5-18）：指定摄像机的运动方向和速度，这里可以根据构思的画面视觉效果来设置。默认值一般为5，数值越高，视频动作越多。

图 5-18　General Motion 的参数设置

Camera Motion的参数设置界面如图5-19所示，其中各参数的含义如下。

- Horizontal：水平方向左/右移动。
- Vertical：垂直方向上/下移动。
- Pan：左右平移。

- Tilt：上下倾斜。
- Roll：逆时针/顺时针旋转。
- Zoom：缩小/放大（可以理解为镜头的拉远/拉近）。
- Speed：速度。

图 5-19　Camera Motion 的参数设置

Motion Brush（图5-20）：这是一个运动笔刷，只需要在图像上任意位置涂抹，就可以让静止的物体动起来。可以通过提示词生成一张图片，或者单击"IMAGE"上传一张图片，然后单击"Ok, got it!"，跳转到编辑界面。

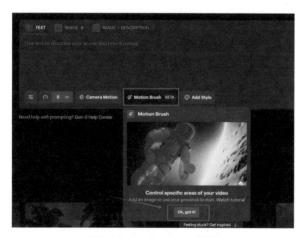

图 5-20　Motion Brush 界面

Add Style（图5-21）：风格预设，网站上提供了包括3D卡通、20世纪80年代的朋克风、三维渲染、日本动漫、概念艺术等27种视频风格，可以选择想要的视频效果进行风格预设。

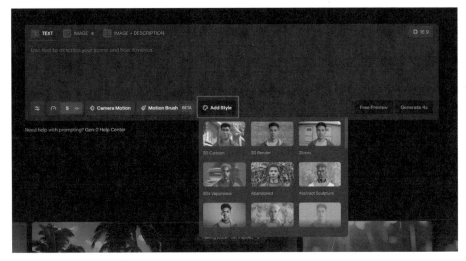

图 5-21　Add Style 界面

最后单击"Free Preview"进行预览，没有问题的话即可单击"Generate 4s"生成视频，如图5-22所示。

图 5-22　生成视频

b. 图片生成视频。单击"IMAGE"，上传提前准备好的图片，对参数选项进行配置后，单击提交，即可生成想要的视频效果，如图5-23所示。

c. 文字加图片生成视频。单击"IMAGE + DESCRIPTION"，上传图片及提示词，这里的提示词需要包括对视频风格、物体运动、镜头方向等的详细描述，设置参数配置（图5-24）后，即可生成视频。

图 5-23　图片生成视频界面

图 5-24　文字加图片生成视频的参数设置界面

系统建议提示词如下。

- 通用修饰词：masterpiece、classic、cinematic等
- 动作提示词：cinematic action、flying、speeding、running等

相机特定术语提示词如下。

- 摄像机角度：full shot、close up等
- 镜头类型：macro lens、wide angle等
- 相机移动：slow pan、zoom等

③FI。FI（Frame Interpolation）为图像平滑工具，可以对上传的系列图像同时设置视频时长和过渡效果参数，即可生成流畅的过渡视频。

单击"Generate Videos"，选择FI，跳转至编辑界面，如图5-25所示。

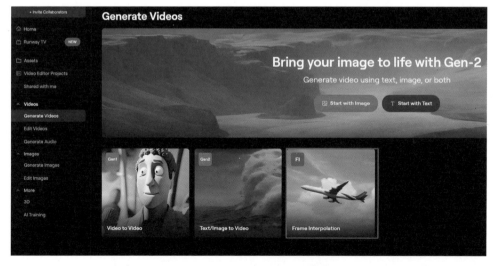

图 5-25　Frame Interpolation 编辑界面

上传多张提前准备好的图像，如图5-26所示。

图 5-26　Frame Interpolation 操作界面

在操作界面右侧单击"Clear Selection"进行基础设置，其中，"Clip duration"为视频时长设置；"Transition time"为过渡平滑值设置，一般默认值为100%。最后单击"Generate"即可生成视频。

除了视频生成AI技术外，Runway还具有图片、视频后期处理等30多项单个功能，例如视频修复、视频主体跟随运动、景深效果、删除视频元素/背景、生成3D纹理等。

（2）Pika

Pika Labs最新推出的Pika 1.0能够简化复杂的视频制作流程，让用户轻松创建高质量的视频内容，如图5-27所示。无论是动画短片、个性化卡通，还是电影风格的视频，Pika都能轻松应对。

相较于Runway、Midjourney、Stable Diffusion等其他视频软件的Web界面，Pika提供了目前最佳的在线AI视频生成体验。这种流畅的操作体验可以显著提高AI视频生成的效率。网站支持两种显示模式，网格状和单列式，单列式适用于对单个视频进行各种操作，而网格状排列则适用于处理多个视频的整个项目，可以轻松切换。

Pika作为图片转视频领域的先锋，率先实现了这一功能，并在生成运动效果方面表现出色。简而言之，Pika在图片转视频的过程中，其运动效果的呈现相较于Gen-2更强劲且更合理，虽然差距不大，但Gen-2凭借其运动笔刷功能提供了更多的控制选项。然而在视频清晰度这一维度上，Pika则略逊于Gen-2。

图5-28所示为提示词指令模板，可以把画面中的提示词进行拆解，依序填写、拼接，会生成更贴合想法的提示词。

第5章 AIGC室内漫游视频制作

图 5-27　Pika 初始界面

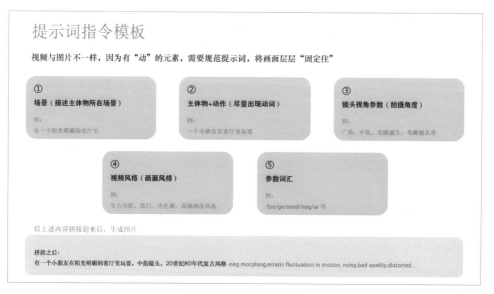

图 5-28　提示词指令模板

图5-29所示为Pika登录界面，从上到下总共分了四个区域。

- 信息栏：包含Pika图标，Pika的X账号（也就是原Twitter账号），Discord跳转，个人登录信息。
- 转换区：左侧包含Explore区域（类似公共图库）、My library（个人作品区域），右侧是两个切换展示区显示方式的图标。

- 展示区：作品展示区域。
- 创作区：创作区域，支持文本生视频、图片生视频、视频生视频。

图 5-29　Pika 登录界面

文本生视频：在输入框输入文本描述，也就是prompt。在编写prompt时，尽量使用简短的句子。与Midjourney的早期版本类似，避免使用太过"自然"的语言和长句。目前的视频生成技术，像早期的文生图技术一样，还不能处理太过细节的内容。

图片生视频：根据上传图片直接生成视频画面，或者加上提示词生成视频画面。

视频生视频：根据上传视频生成视频画面。

提示词输入方式如图5-30所示，辅助参数设置如图5-31所示。

图 5-30　提示词输入方式

图 5-31　辅助参数设置

视频设置：设置生成视频的尺寸及每秒帧数，如图5-32所示。

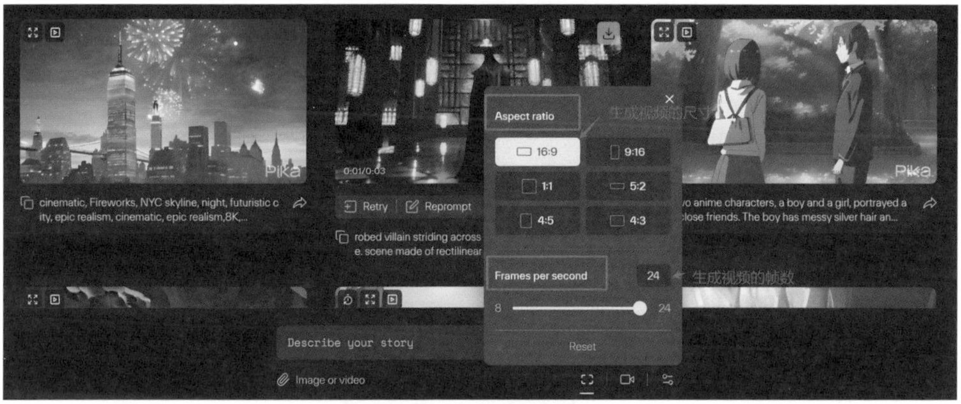

图 5-32　生成视频的参数设置

镜头控制和动作幅度设置如图5-33所示，其中的选项可以控制镜头的上下移动、左右移动、旋转和缩放，下方的滑条则用于调节镜头速度。这些按钮可以精确地控制整个视频画面的运动效果。

图 5-33　镜头控制和动作幅度设置

生成视频的其他设置如图5-34所示，输入正向提示词、反向提示词，固定种子参数，设置文本相关性，调整镜头角度，选定生成视频的比例，就可以生成视频了。

和Stable Diffusion一样，Pika中的反向提示词效果明显，可以输入"blur, out of focus, distortion, deformation, exposure"等词语来避免视频出现模糊、失焦、扭曲、变形和过曝的问题。

如果看到一个不错的视频，可以尝试输入相同的提示词、反向提示词、参数和种子编号，以生成类似的视频。对于画面与提示词一致性的参数，设置在5~10之间的效果通常为最佳，能够避免画面出现变形或扭曲。

图5-34　生成视频的其他设置

参数界面如图5-35所示。视频生成完毕后，可以在"My library"标签页播放。当然，在"Explore"标签页里也能观赏其他用户创作的视频。视频下方配备了众多功能实用的按钮，比如最下方的按钮用于复制视频的完整提示词。

图5-35　参数界面

单击"Retry"按钮，能以相同的提示词和参数再次生成视频，但会采用不同的随机种子参数。新生成的视频会直接显示在原视频下方，也可以单击左右方向键进行切换。

单击"Reprompt"按钮，Pika会自动将该视频的提示词复制到下方的输入框中，可以进行调整，生成全新的内容。

"Edit"按钮则是功能最为强大的工具，单击后，它会将选中的视频作为新视频生成的基础，同时衍生出两个新功能："Modify region"和"Expand canvas"，即"修改区域"和"扩充画面"功能，如图5-36所示。

（a）Modify region　　　　　　　　　（b）Expand canvas

图 5-36　Edit 的两个新功能

选择"Modify region"后，可以指定视频的特定区域，让Pika生成新内容。这个功能与Midjourney相似，但Pika针对的是视频。区域修改时，确保白色边框涵盖物体在整个视频中的所有运动区域。

选择"Expand canvas"后，可以缩小原视频，调整视频位置或画幅，再次生成时，Pika会填满整个画面。

如图5-37所示，右侧三个点中隐藏了另外两项功能：Add 4s（延长4秒）和Upscale（提升画质）。

图 5-37　右侧隐藏功能介绍

由于默认的视频生成长度仅为3秒，如果对某段视频特别满意但觉得时间太短，可以使用"Add 4s"功能将视频延长至7秒。此外，"Upscale"按钮则可将高清视频提升至2K画质。但需要注意的是，在延长视频时要逐步降低相关性参数值，这有助于最大程度地提升一致性和稳定性。还可以在延长过程中调整运镜，实现更立体的摄影效果。

以上是Pika界面的基本使用方法和操作流程，也可以结合其他AIGC工具，用生成的室内设计效果图直接生成视频会更加符合设计师的需求。

5.1.4 音韵搭配：Pixabay Music与MusicGen的配乐选择

（1）Pixabay Music

Pixabay Music是一个提供免费音乐MP3下载的平台，深受广大用户的喜爱。Pixabay Music（图5-38）专门为用户提供丰富的音乐素材，这些音乐可以灵活应用于多个领域，包括影片制作、网页设计、投影片制作以及应用程序开发。通过Pixabay Music，设计师和内容创作者可以轻松访问和下载各种类型和风格的音乐。无论是寻找轻松的背景音乐来增强网页体验，还是寻找激昂的节奏来为视频添加动感，Pixabay Music都能满足不同的需求。这一服务的推出，为创意工作者在音频选择上提供了更多的灵活性和便利性。

图5-38　Pixabay Music登录界面

对于室内设计师来说，Pixabay Music的引入为他们的演示视频或虚拟展览提供了额外的增值。优质的背景音乐不仅能够增强视觉内容的吸引力，还能提升整体的观看体验，使客户更加沉浸在设计的氛围中。此外，开发者和网页设计师也可以通过这些音乐素材，为他们的应用程序或网站创造出更加动听和吸引人的界面。

（2）MusicGen

MusicGen（图5-39）的推出不仅是音乐领域的一次创新突破，更是AI技术在艺术创作上商业价值和潜力的生动展现。这个项目不仅仅是音乐爱好者的新玩具，它还能作为专业音乐制作人的强大辅助工具，为他们在创作过程中注入新的灵感和多样化的选择。无论是个性化的音乐创作还是专业的音乐制作，MusicGen都能提供有效的支持。除了个人娱乐和专业音乐制作之外，MusicGen的应用领域还远远超出这些。在影视、游戏、广告等多个行业，MusicGen都能提供定制化和多样化的背景音乐服务。这意味着影视制作人可以为他们的作品配上独特的原创音乐，游戏开发者可以创造更加沉浸的游戏体验，而广告设计师则能够借助MusicGen的音乐增强品牌信息的传达。

图 5-39　MusicGen 登录界面

Meta推出的MusicGen项目不仅在技术上展示了AI在音乐创造领域的强大能力，还在文化层面上为人类艺术创造增添了新的色彩。通过AI的助力，我们能够预见一个更加丰富多彩的艺术未来，其中AI不仅是创作的工具，更是人类艺术创造的伙伴和助力。MusicGen的成功示例为我们揭示了AI技术与人类创造力结合的无限可能，我们期待着更多此类项目的出现，进一步拓展AI在艺术和文化领域的应用。

5.1.5 完美剪辑：剪映等工具的后期处理

AI绘图和视频剪辑软件剪映的结合，为设计师们打开了一扇创新之门，极大地提升了创作的可能性和多样性。这一结合不仅让艺术家和设计师能够创作出引人入胜的视觉作品，还赋予了他们更多的创意自由。AI绘图技术，如Midjourney或Stable Diffusion，能够根据用户的指令和文本描述生成精美的图像。这些图像在风格、细节、光影处理上都达到了专业水平，极大地丰富了设计师在视觉创作上的选择。另一方面，剪映（图5-40）作为一个易于使用的视频编辑软件，它具备强大的视频剪辑功能，包括添加特效、调整色彩、音频编辑等。它的直观界面和丰富功能使视频制作变得简单快捷。

图 5-40　网页版剪映登录界面

将AI绘图和剪映结合使用的最大优势在于它们能够共同提供一个无缝的创作流程。设计师可以使用AI绘图工具快速生成高质量的图片，然后通过剪映进行进一步的编辑和处理，创作出独特的视频内容。这种结合不仅节省了大量的时间和资源，也为设计师们提供了更广阔的创意空间。剪映操作界面如图5-41所示。

例如，一个室内设计师可以使用AI绘图工具生成不同风格的室内设计效果图，然后利用剪映将这些图像融合成一个动态的演示视频，展示给客户。或者，一个艺术家可以创作一系列的AI绘制作品，再通过剪映加入动画效果，创造出一个视觉震撼的艺术短片。AI绘图与剪映的结合不仅提高了视频制作的效率，还为设计师和艺术家们打开了创作新天地，使他们能够在更广泛的范围内表达自己的创意想法。

图 5-41　网页版剪映操作界面

5.2 AIGC 室内漫游视频制作实例

根据前文介绍的流程和工具，接下来将带领大家使用Interior Design GPT、Midjourney、PixMotion、Runway、Skybox AI等AI软件来制作动态漫游视频，并分享一些技巧和注意事项。

5.2.1 空间创制：运用AIGC辅助空间生成

很多室内设计师经常遇到的一个问题是如何将自己的设计理念和风格呈现给客户，让客户能够清晰地看到自己的设计方案。传统的做法是使用CAD或SketchUp等软件来绘制平面图，但这样的方法有两个缺点：一是耗时耗力，二是难以表达空间的立体感和氛围。但现在我们可以借助AIGC的技术快速实现。首先，我们需要有一个空间的设计方案，这是动态漫游视频的基础。我们可以使用自己的设计方案，也可以参考一些现成的方案，或者使用AI软件来生成方案。如使用Midjourney来生成空间的效果图，如图5-42所示。

我们可以使用不同的文字提示来生成不同风格和布局的空间，也可以使用Midjourney的编辑功能来调整图像的细节，例如颜色、光照、纹理等。我们可以生成多个空间的效果图，作为动态漫游视频的素材。

以图5-42中右下角图为例，先进行放大，如图5-43所示。

图 5-42 案例图

Prompt: award-winning professional architectural photography, apricot and copper, metallic finishes, mixed materials, polished concrete floors, warm neutrals, industrial equipment, Edison bulbs, modern sculpture, statement walls, stylish furniture, ultra-detailed, 8K. --ar 4:3 --style raw --ar 16:9 --v 6.0

图 5-43 图 5-42 中右下角图的放大图

5.2.2 脚本编写：漫游视频脚本生成式获取

有了空间的效果图后，我们就需要为每个空间编写一个脚本，包括台词和镜头。台词是我们对空间的介绍和评价，可以是我们自己的语言，也可以是客户的语言，或者是第三方的语言。镜头是我们对空间的展示方式，包括镜头的角度、移动、切换等。完成这个步骤既要求我们有一定的视频制作知识，也要求我们有一定的文案编写能力。为了简化这个步骤，可以使用Interior Design GPT来帮助我们生成视频脚本。我们要先给Interior Design GPT一个简单的模板，如图5-44所示。

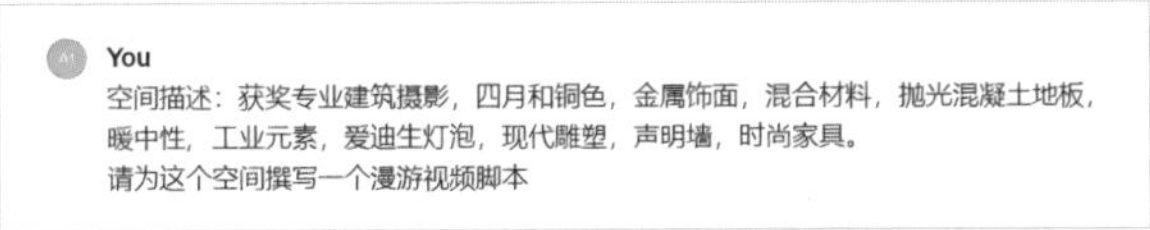

> You
> 空间描述：获奖专业建筑摄影，四月和调色，金属饰面，混合材料，抛光混凝土地板，暖中性，工业元素，爱迪生灯泡，现代雕塑，声明墙，时尚家具。
> 请为这个空间撰写一个漫游视频脚本

图 5-44　与 Interior Design GPT 的对话

Interior Design GPT回答如下。

当然，让我们一起创作一个迷人的漫游视频脚本，展示这个独特而精致的空间。我们的视频将从门口开始，逐步探索这个充满工业风格和现代美学的空间。

视频开头：（镜头慢慢推进，通过玻璃门瞥见室内）

旁白："欢迎来到这个获奖的专业建筑摄影空间，一个完美融合现代设计和工业美学的地方。跟随我们的脚步，一探究竟吧。"

一、入口区域：（镜头从门口缓缓移入，展示入口区域）

旁白："我们首先来到的是迎接我们的入口区域。这里，光滑的抛光混凝土地板映衬着墙壁上四月的温暖色调，带来一种别致而又温馨的迎接。"

二、主空间：（镜头向主空间平滑过渡，展示整体布局）

旁白："踏入主空间，你会立刻被这里的金属饰面和混合材料所吸引。每一个细节都展示了精湛的工艺和对现代设计的热爱。"

三、工业元素与灯光设计：（镜头聚焦于爱迪生灯泡和其他工业元素）

旁白："注意观察这些精心挑选的工业元素。典型的爱迪生灯泡不仅提供了照明，还增添了一抹复古的氛围。"

四、现代雕塑和艺术墙：（镜头移至现代雕塑和艺术墙）

旁白："转角处，一件现代雕塑引人注目，旁边的艺术墙则以其独特的设计语言讲述着自己的故事。"

五、家具和装饰：（镜头缓慢环绕时尚家具和装饰品）

旁白："每一件家具都不仅是坐卧的地方，更是这个空间中的时尚声明。简洁而优雅，每一件都完美融入整体设计。"

视频结尾：（镜头缓慢拉远，整个空间逐渐收入眼底）

旁白："这个空间，是现代设计和工业美学的完美展现。感谢您的陪伴，希望这次探索之旅能激发您对设计的热爱。"

这个脚本旨在引导观众感受这个空间的每一个细节，同时保持流畅和引人入胜的叙述。希望它能满足您的需求！

我们可以用这样的方法为每个空间生成一个脚本，也可以根据自己的喜好和创意来修改或优化。

5.2.3 视角变换：镜头移动方式的巧妙融入

为了让视频更生动，我们需要为每个画面添加一个镜头移动方式。这个步骤需要再次给 Interior Design GPT 相应的提示语，为每个画面生成参考的镜头移动方式，如图5-45所示。

图 5-45　利用 Interior Design GPT 生成镜头移动方式提示词

5.2.4 综合运用：以AIGC视频工具制作漫游动态

我们可以选用上面介绍的AIGC工具进行视频制作，这里以Runway为例。可以先让Interior Design GPT辅助我们生成Runway的视频制作提示词，如图5-46所示。

图 5-46 利用 Interior Design GPT 生成视频制作提示词

挑选合适的镜头描写，将其复制到Runway的"IMAGE+DESCRIPTION"的提示词描述框中，然后单击生成视频，如图5-47和图5-48所示。这里的案例加入了平移和左移，也可以根据自己的喜好进行镜头的移动。

图 5-47　将视频制作提示词输入 Runway

图 5-48　在 Runway 中生成视频

当然也可以在 Runway 里面的 "TEXT" 的提示词描述框中直接输入提示词，使用文生视频的方式得到一个视频，如图5-49所示，这种视频的衔接更好，但不一定会有想要的效果。

图 5-49　提示词直接生成视频效果

如果想要生成比较完整的漫游视频，也可以使用Midjourney的Zoom Out功能和单向Outpainting功能，多生成几张扩展的图片，再放入AIGC视频制作的工具之中，得到许多短视频，最后通过后期剪辑的软件进行拼凑和调整。

也可以使用Pika进行视频的生成。这里使用Piak对房间进行了光影的渲染，如图5-50所示。

图 5-50　使用 Pika 进行光影的渲染

此外，也可以使用Skybox AI，这是由Blockade Labs推出的AI在线生成和合成360度全景图片的工具，简化了虚拟现实环境的创建流程，可通过文字生成全景图像。例如，在其官方网站的对话框中输入"The simple style room exudes a sense of calmness and balance."，单击"Generate"，便可以得到一个简单的室内VR漫游效果，如图5-51所示。

图 5-51　Skybox AI 生成图

网站上的效果图是360度全视角的，可以全方位拖动，如图5-52所示。

图 5-52　不同视角图

还可以利用其他全景图合成软件来制作VR效果，如利用Krpano、PanoramaStudio和720云VR全景等全景图软件。

示例如下。

> **Prompt:** living room with Liaigre furniture style, designed similar to Yabu design company, showcasing the overall spatial layout, straight perspective, spacious and comfortable, modern minimalism, high-quality interior decorations, 3D indoor rendering, 8K::3 360 panorama::3. --aspect 2:1 --version 5.2

通过上面的提示词我们可以得到一张看起来不错的全景图（图5-53）。在这四张图中以左下角图（放大图见图5-54）为例进行介绍。

第5章　AIGC室内漫游视频制作

图 5-53　利用 AIGC 绘制全景图

图 5-54　生成的全景图

进入VR制作软件网站（图5-55），将我们制作的全景图上传。

图 5-55　VR 制作软件网站界面

203

单击"预览"和"创建",就可以得到720度漫游的VR效果了,如图5-56所示。

图 5-56　VR 漫游效果

5.2.5　完美收官:后期剪辑与细节调整操作

重复上面的步骤,直到所有画面都被转换为视频。打开剪映,将所有画面的视频片段连接在一起,如图5-57所示,根据故事情节以及实际出图效果将它们排序。

图 5-57　视频导入剪映

也可以通过增加关键帧的形式来进行移动，在每张图的开始处和结尾处，分别添加关键帧，如图5-58所示。添加方法是先将鼠标移动到图片开始处，在右上角面板处单击蓝色节点，设置开始比例为100%，然后将鼠标移动到图片结尾处，在右上角面板设置比例为150%（这个数值和在Midjourney中缩小的倍数相关）。将所有图片都这样处理一遍，都加上首尾两个关键帧。最后单击播放就可以生成一个简单的视频了。

图 5-58　设置关键帧

根据需要还可以为视频添加字幕或者配乐，增加一些标题、转场、滤镜之类的内容。所有步骤完成后，将视频导出。

5.3　本章小结

本章介绍了AIGC技术如何提升视频设计的表现力和展示效果。通过详细的操作步骤介绍和生动的实例展示，揭示了AIGC工具（如Runway Gen-2、Pika和Midjourney）在视频制作过程中的关键作用，展现了这些先进技术如何推动创意边界的扩展和视觉传达的提升，突出了这些工具如何赋予设计师更大的自由度来创造具有吸引力和情感深度的视频内容。此外，本章还讨论了AIGC技术在创造沉浸式VR环境中的应用，以Skybox AI为例，展示了如何快速生成引人入胜的虚拟现实场景，这为视频设计师提供了更广阔的创作平台。通过这一章的讨论，我们可以清晰地看到AIGC技术是一种强大的创意催化剂，能够激发设计师的创造力，为用户带来前所未有的视觉体验。随着这些技术的不断发展和优化，我们期待未来的视频设计将会变得更加动态、多元和深刻。

结 语

AIGC在室内设计应用中面临的挑战与发展前景

在室内设计领域，AIGC技术正迅速发展，它通过高级算法和大数据分析为设计师提供了前所未有的工具。然而，这种技术的应用也面临着若干挑战，其中包括版权风险和技术局限。这些挑战不仅涉及技术本身的发展，还涉及其在设计领域的实际应用和市场接受度。AIGC技术在设计创作过程中的核心是基于大量已有数据和资源进行学习和生成。在这个过程中，AI可能会接触并利用受到版权保护的设计元素，无意中产生对原始作品的复制或改编。例如，如果一个AI系统在学习了特定设计师的作品后生成了类似的设计，这可能构成对原作者的版权侵犯。这种情形在当前的法律框架下尚无明确的规定和处理方式，导致版权归属和责任划分成为一大难题。此外，AIGC系统虽能生成基本的设计布局和概念，但在处理复杂、多层次的设计项目时，其准确性和细节处理能力仍有限。在室内设计中，每个空间的功能、用户的个人喜好、使用的材料种类以及空间的独特性都需要精细考量。

在发展趋势上，AIGC技术的一个重要应用是在个性化设计方面。这一领域的发展不仅展现了AI技术的先进性，还突显了其在适应用户独特需求和偏好方面的潜力。通过深入的数据分析，AI能够理解并响应不同用户的需求，从而提供定制化的设计方案。

随着AIGC技术的不断发展，我们将目睹更多技术的融合和创新，为室内设计领域带来更多可能性。通过与人工智能的深度融合、可持续性和环保设计的应用以及跨学科的合作，室内设计领域将迎来更多创新性的设计方案。这些技术的发展不仅将提高设计的质量和效率，也将为用户带来更加丰富和更具互动的设计体验。在未来，我们可以期待AIGC技术在技术融合与创新方面持续发挥引领作用，推动室内设计行业不断迈向新的设计潮流和创新。